U0829696

典型电梯电气故障维修

李兴涛　顾　祥　孟　刚　编著

天津大学出版社
TIANJIN UNIVERSITY PRESS

内容简介

本书内容包括典型继电式（JH-751）电梯主电路维修、定向电路维修、运行辅助电路维修、运行电路维修、电门电路维修、安全回路与电源电路维修、电磁抱闸电路维修七个学习任务。

图书在版编目（CIP）数据

典型电梯电气故障维修 / 李兴涛，顾祥，孟刚编著
. -- 天津 : 天津大学出版社，2024.5
ISBN 978-7-5618-7722-7

Ⅰ. ①典… Ⅱ. ①李… ②顾… ③孟… Ⅲ. ①电梯－电气设备－维修 Ⅳ. ①TU857

中国国家版本馆CIP数据核字(2024)第096174号

出版发行 天津大学出版社
地　　址 天津市卫津路92号天津大学内（邮编：300072）
电　　话 发行部：022-27403647
网　　址 www.tjupress.com.cn
印　　刷 北京虎彩文化传播有限公司
经　　销 全国各地新华书店
开　　本 787mm×1092mm　1/16
印　　张 11.5
字　　数 252千
版　　次 2024年5月第1版
印　　次 2024年5月第1次
定　　价 45.00元

前　言

近年来，随着我国电梯使用率的逐渐增长，对电梯维修工的需求也逐渐增加。同时在加快转变经济发展方式、推动经济结构调整及大力发展高端制造业等新兴战略性产业的时代背景下，迫切需要培养一批具有高超技艺的电梯维修人才。

现代电梯为了安装和更新方便，大量采用模块化结构，导致出现不同品牌的电梯维修方式雷同、维修思路迥异的现象。造成这种现象的原因是大部分电梯维修工对电梯基本运行原理不了解，以至对电梯故障缺乏准确判断。

本书以典型继电式电梯为例，将电梯运行的各个步骤细化，在完成各维修任务的同时也对电梯相关的基础知识及电梯运行原理进行全面详细的解读。本书采用目前一体化课改的新模式，将维修任务以工作页的形式呈现，使学习者能在“做中学”和“学中做”，掌握电梯维修思路，发挥学习者学习的主动性。

本书可作为职业院校、技工院校电梯安装与维修专业教学用书，也可作为职业技能鉴定培训机构相关专业用书及电梯维护保养操作和考证人员的参考用书。

编　者

2024 年 4 月

目　录

学习任务一　典型继电式(JH-751)电梯主电路维修

【学习目标】

1. 能通过阅读电梯维修任务单,明确工作任务。
2. 能查阅相关资料,学习继电式电梯(JH-751)电梯主电路基本知识。
3. 能根据任务要求观察电梯主电路现象,填写电梯主电路故障现象登记表。
4. 能明确电梯主电路的工作流程。
5. 能与项目组长进行专业沟通,根据电梯主电路维修任务单和故障树分析图以及实际情况,制订维修计划。
6. 能根据电梯主电路维修的相关内容,确定所需工具和材料。
7. 能查阅相关资料,学习电梯主电路的维修方法。
8. 能按工艺要求和安全操作规程要求,完成电梯主电路的维修。
9. 能进行电梯主电路维修后的检查工作。
10. 能对电梯主电路的维修过程进行总结与评价。

【建议学时】

20 学时。

【工作情境描述】

学院某办公楼需维修一部四层四站的继电式电梯,该电梯曳引机为双速电动机,采用变极调速。受学院委托,电梯工程技术专业学生承接电梯主电路维修任务。要求参照“故障树”分析方法,在 1 天之内完成对电梯主电路的维修,完成后交付验收。

【工作流程与活动】

电梯主电路维修

学习活动 1　明确工作任务(4 学时)

学习活动 2　制订工作计划(6 学时)

学习活动3　电梯主电路的维修及检查验收(8学时)
学习活动4　工作总结与评价(2学时)

学习活动1　明确工作任务

学习目标

1. 能通过阅读电梯主电路维修任务单,明确工作任务。
2. 能查阅相关资料,学习电梯主电路的基本知识。

建议学时

4学时。

学习过程

一、接受任务单,明确工作任务

电梯维修作业人员从项目组组长处领取电梯主电路维修工作任务单,见表1-1-1,明确维修项目、时间、地点、工作内容等。

表1-1-1　电梯主电路维修工作任务单

<table>
<tr><td>电梯编号</td><td>故障位置</td><td>开始时间</td><td>结束时间</td><td>共计</td></tr>
<tr><td>1号楼1号梯</td><td>主电路</td><td></td><td></td><td>1个工作日</td></tr>
<tr><td colspan="5">故障原因及内容:</td></tr>
<tr><td colspan="5">维修过程及安全措施:

维修人:</td></tr>
</table>

续表

检定结论(含技术参数功能)：   检验人：　　　　　　　　　　　日期：
电梯主电路电气原理图

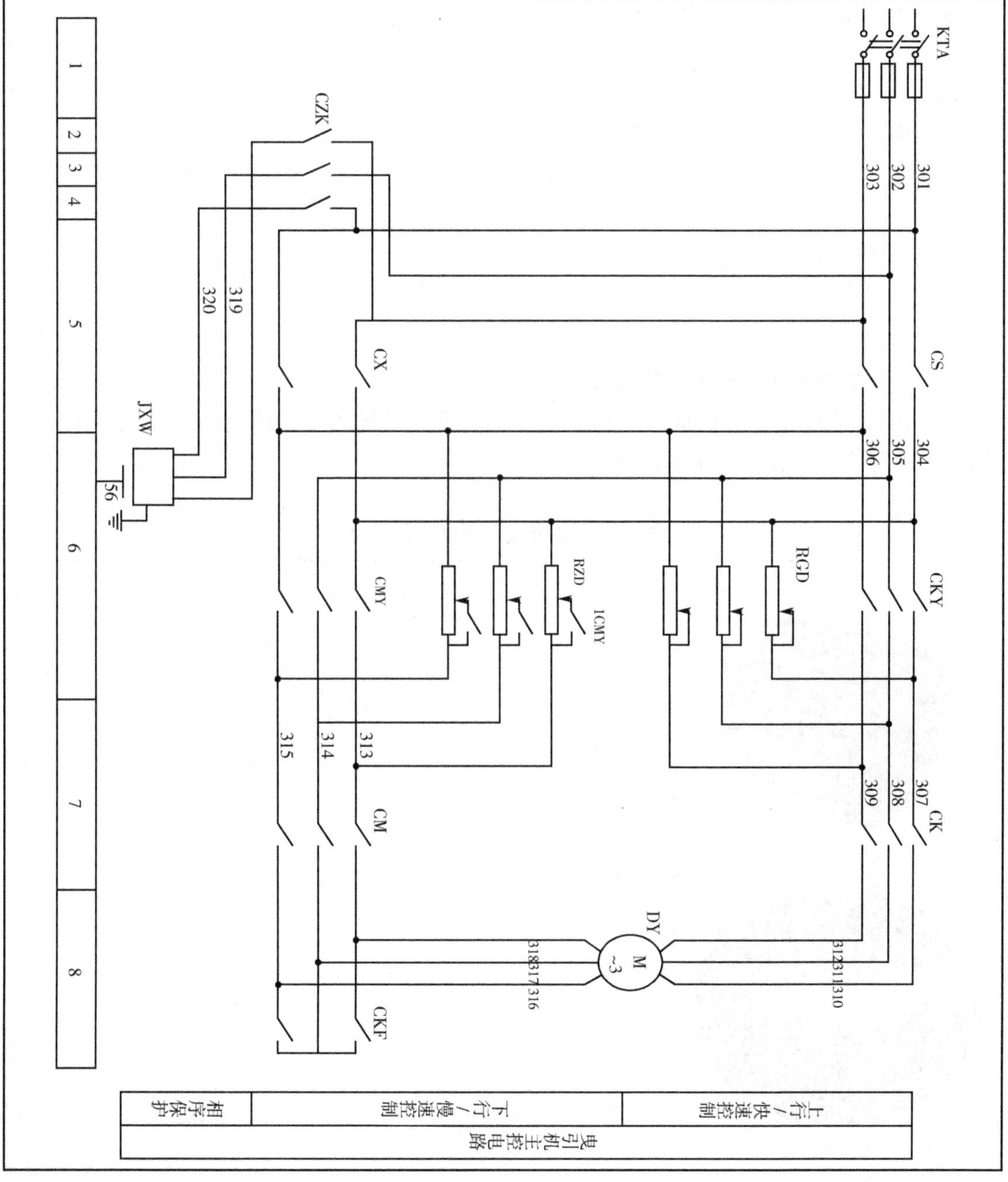

通过阅读维修工作任务单,回答以下问题。

1. 该项工作的施工地点在什么地方?

2. 该项工作要求的时间是多久?

3. 该项工作具体内容是什么?

4. 掌握主电路原理需要哪些专业知识?

5. 电气原理图和配线图的区别是什么?

二、电梯主电路维修相关知识认知

根据电梯原理相关资料学习三相异步电动机运行原理、电动机调速及双速电动机的相关知识,填写表 1-1-2,并补充完整相关内容。

表 1-1-2　三相异步电动机认知表

图形	作用
 定子铁芯	
 定子绕组	

续表

<table>
<tr><th>图形</th><th>作用</th></tr>
<tr><td>
机座</td><td></td></tr>
<tr><td>
转子铁芯</td><td></td></tr>
<tr><td>
笼型转子</td><td></td></tr>
<tr><td>
扇叶</td><td></td></tr>
<tr><td colspan="2">三相异步电动机的型号含义（Y100L2-4 W）</td></tr>
<tr><td>Y</td><td>含义为：</td></tr>
<tr><td>100</td><td>含义为：</td></tr>
<tr><td>L</td><td>含义为：</td></tr>
<tr><td>2</td><td>含义为：</td></tr>
<tr><td>4</td><td>含义为：</td></tr>
<tr><td>W</td><td>含义为：</td></tr>
</table>

续表

<table>
<tr><td colspan="3">图形</td><td>作用</td></tr>
<tr><td colspan="4">三相异步电动机接线方式</td></tr>
<tr><td colspan="4">
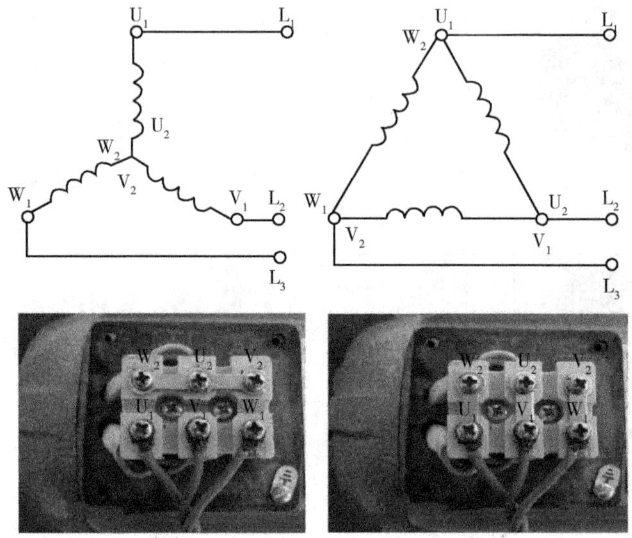

（a）　（b）

（a）的接线方式为：

（b）的接线方式为：
</td></tr>
<tr><td colspan="4">三相异步电动机运行原理</td></tr>
<tr><td>图示</td><td>时刻</td><td colspan="2">按 360° 空间位置判断并绘制磁场方向</td></tr>
<tr><td>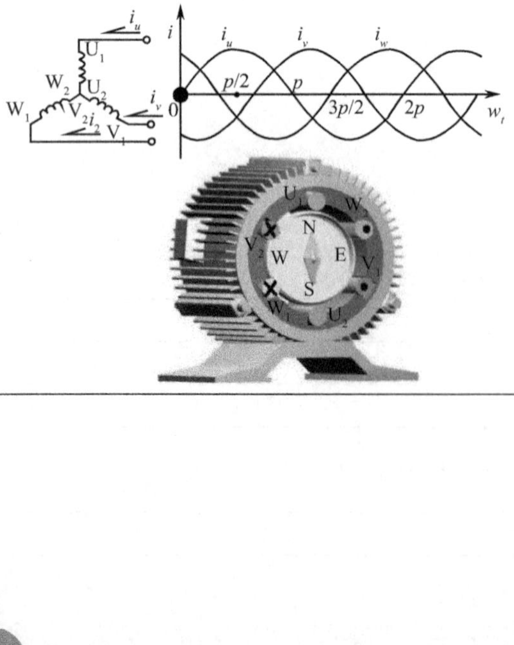
</td><td>$w_t=0$</td><td colspan="2"></td></tr>
</table>

续表

图形	作用	
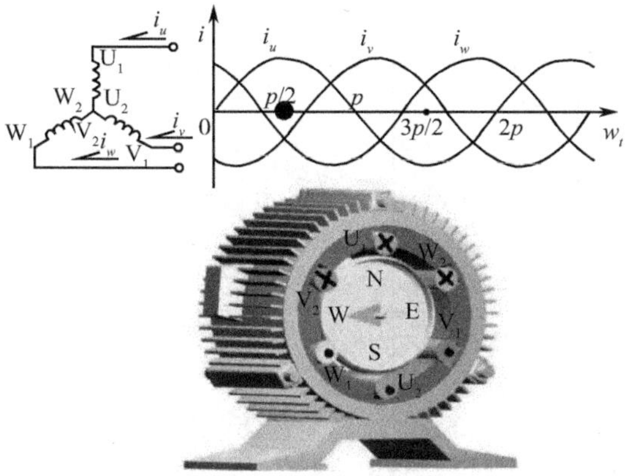	w_t=p/2	
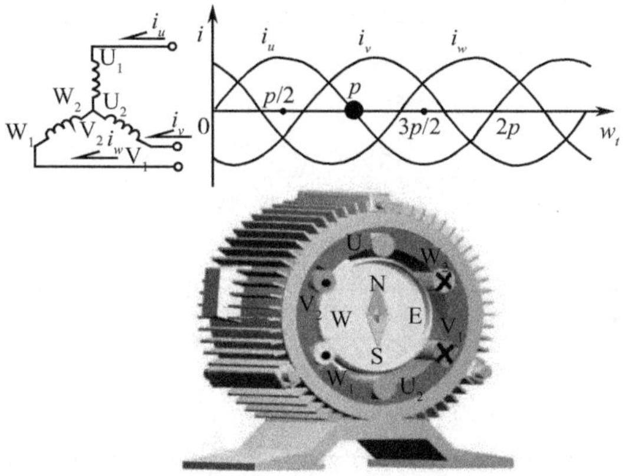	w_t=p	
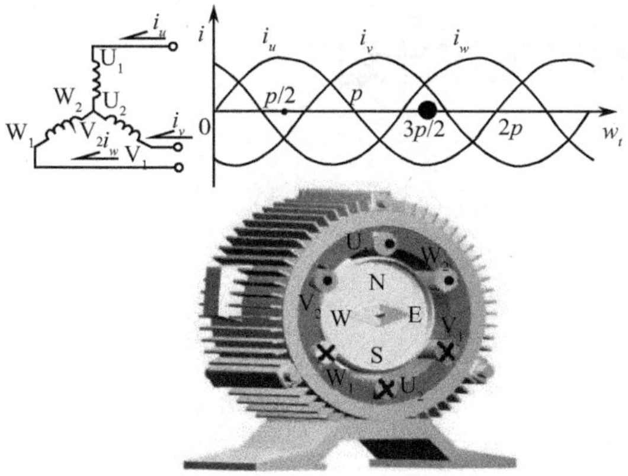	w_t=3p/2	

续表

<table>
<tr><td>图形</td><td colspan="2">作用</td></tr>
<tr><td>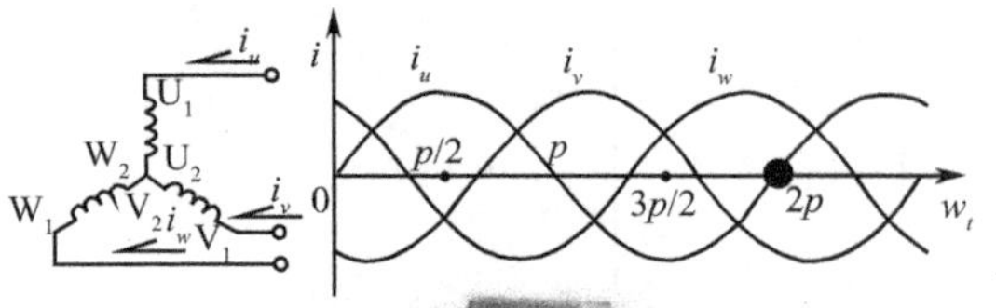

</td><td>$w_t=2p$</td><td></td></tr>
<tr><td colspan="3">电动机调速公式</td></tr>
<tr><td>$n_1=\frac{60f_1}{p}(r/\min)$</td><td colspan="2">$f_1$——
p——
n_1——</td></tr>
<tr><td colspan="3">名词解释</td></tr>
<tr><td>$s=\frac{n_1-n}{n_1}$
转差率</td><td colspan="2"></td></tr>
</table>

学习活动 2　制订工作计划

学习目标

1. 能根据任务要求测绘 JH-751 电梯主电路。
2. 明确电梯主电路的维修流程。
3. 能根据电梯主电路的维修流程，制订工作计划。
4. 能根据施工需要领取相关工具材料。

建议学时

6 学时。

学习过程

一、测绘 JH-751 主电路

电梯维修工从组长处领取表 1-2-1，根据 JH-751 主电路电气原理图测量并绘制 JH-751 主电路配线图。

表 1-2-1　JH-751 电梯主电路实际配线图

<table>
<tr><th>JH-751 主电路配线图</th><th>备注</th></tr>
<tr><td>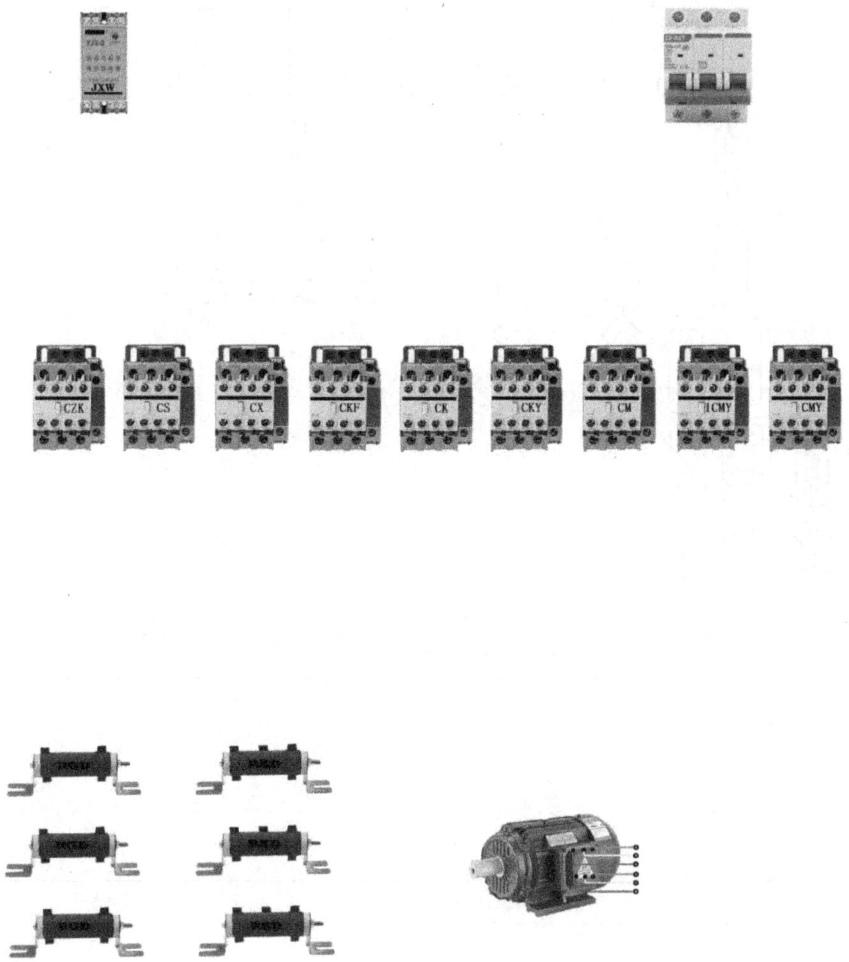
</td><td></td></tr>
</table>

二、明确电梯主电路的维修流程

熟悉电梯主电路故障树，根据表 1-2-2 中，电梯主电路的故障树分析图，编写工作流程及维修注意事项，并将计划及注意事项填入表内。

表 1-2-2　电梯主电路维修计划表

1.JH-751 主电路故障树分析图
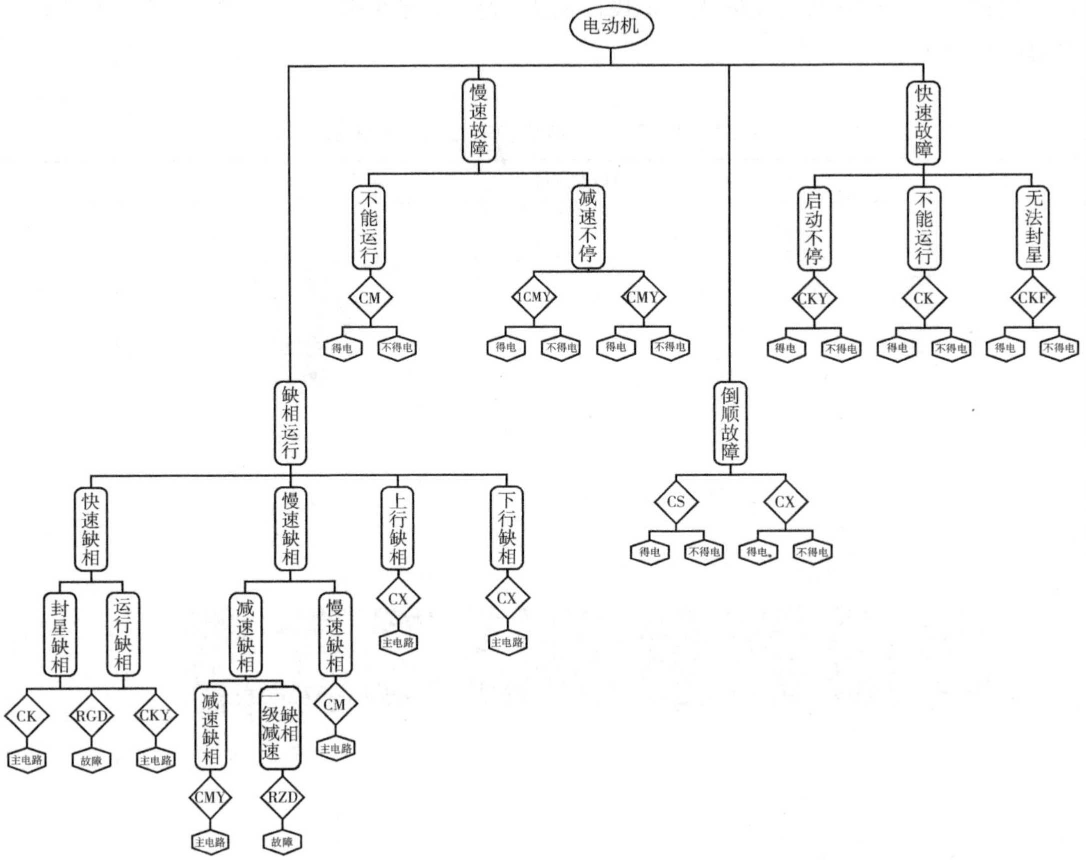
JH-751 主电路故障树分析图
2. 维修流程及维修方法
3. 检修注意事项

三、制订工作计划

根据电梯主电路的维修流程,制订工作计划,填写在表 1-2-3 中。

表 1-2-3　JH-751 电梯主电路维修工作计划表

1. 电梯型号	JH-751			
2. 主电路器件列表				
3. 所需的工具、设备、材料				
4. 人员分工				
序号	工作内容	负责人	计划完成时间	备注
1				
2				
3				
4				
5				
6				
7				
8				
9				
10				
11				
12				
13				
14				
15				
16				

制订完工作计划后,需要对计划内容、维修流程进行可行性研究,要求对实施地点、准备工作、维修流程等细节进行探讨,保证后续维修工作安全、可靠地执行。

四、领取 JH-751 电梯主电路维修工具和耗材

领取相关工具和耗材,就工具和耗材的名称、数量、单位和规格进行核对,填写表 1-2-4,为领取工具和材料提供凭证。在教师指导下,了解相关工具的使用方法,检查工具是否能正常使用,耗材领取要适量,不宜过多或不够用。

表 1-2-4　工具和材料领用表

序号	名称	图示	单位	数量	规格	领用时间	领用人	归还时间	备注
1	万用表								
2	钳形电流表	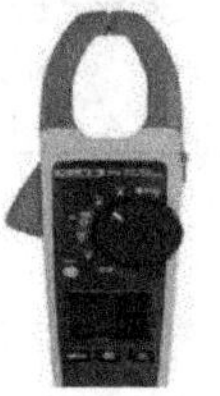							
3	活扳手	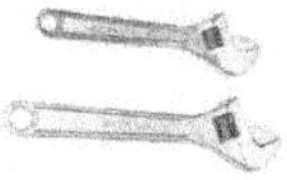							
4	导线								
5	卷尺								
6	电工工具								
7	呆扳手	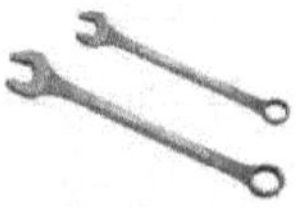							
8	接触器								
9	断路器								

续表

序号	名称	图示	单位	数量	规格	领用时间	领用人	归还时间	备注
10	胶布								
11	针形端子								
12	M4 × 30 螺栓 螺母								
13	大功率电阻器								
14	护栏	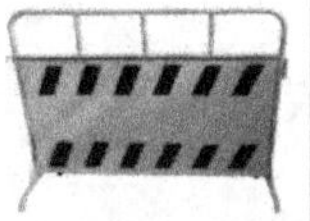							
注意事项	1. 领用人应保管好所领取的工具及材料，若有遗失，需照价赔偿。 2. 领用工具不得在实训场地以外使用，非允许不得外借他人使用。 3. 替换的耗料在工作完毕后应清点回收。 4. 避免耗料的浪费。								

学习活动 3　电梯主电路的维修及检查验收

学习目标

1. 查阅相关资料，学习电梯主电路的维修方法。
2. 能按操作流程和安全操作规程的要求，完成电梯主电路的维修。
3. 能对电梯主电路进行自查和验收。

建议学时

8 学时。

学习过程

一、学习电梯主电路维修相关知识

通过查阅相关资料，回答下列问题，学习电梯主电路的运行原理及维修方法。

1.JH-751 型电梯属于典型继电器控制电梯，该电梯属于货梯，它具有哪些功能？

2.JH-751 电梯为双速电动机驱动，其高速和低速部分采用哪种接法？速度各是多少？高速和低速的磁极对数各是多少？

3.JH-751 电梯的电动机内部绕组如图 1-3-1 所示：怎样接线可以让该电动机高速运行？低速运行时该电动机绕组的接法又是怎样的？

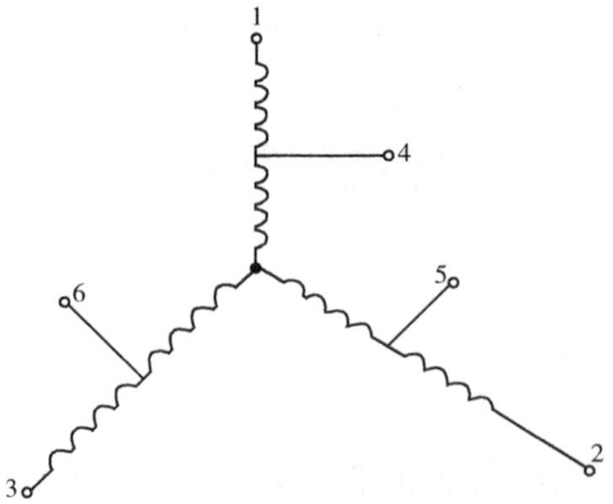

图 1-3-1　双速电动机绕组示意图

4.RGD 为降压启动电阻，其作用是什么？

5.CS 和 CX 分别为上下行接触器,其作用是什么?

6.CKF 是快速状态准备接触器,该接触器在何时动作?其作用是什么?

7.CK 是快速状态接触器,其作用是什么?

8.CKY 是快速运行接触器,该接触器应在什么时候动作?

9. 什么是电梯换速?一般何时需要换速?

10. 当电梯换速后电动机应切换为慢速运行,此时 CKF、CK、CKY、CM 的状态是什么?

11.JH-751 电梯主电路中,CM、CMY、1CMY 的动作顺序是什么?

12. 三相异步电动机电气制动的方式一般有三种，分别是：反接制动、能耗制动、再生发电制动，双速电动机在换速时将产生再生发电制动的效果，说明再生发电制动的原理是什么？

13. RZD 为制动限流电阻，该电阻的作用是什么？

14. 1CMY 为制动电阻切除接触器，该接触器的作用是什么？

15. CMY 为电梯慢速运行接触器，该接触器的作用是什么？

16. 判断接触器损坏包括哪两个部分内容？应该如何判断？

17. 如何在断电情况下测量接触器主触头是否损坏？

18. 如何根据接触器的非正常状态判断接触器是本身损坏还是控制电路问题？

19. 在检修前，通过问、看、听、摸来了解故障前后的操作情况和故障发生后出现的异常现象，以便根据故障现象判断出故障发生的部位，进而准确地排除故障。其中“摸”指的是判断设备的哪些异常现象？

二、维修电梯主电路

按照电梯主电路的原理图和配线图，完成电梯主电路的维修，应注意维修的相关内容。维修完成后，由指导教师检查电梯主电路运行的安全性和正确性后，方可通电测试电梯主电路功能，并将维修过程记录在表 1-3-1 中。

表 1-3-1　JH-751 电梯主电路维修过程记录表

序号	现象	判断	检查项目	涉及器件	相关内容	完成情况
1	主电路缺相运行	快速运行缺相	运行电路缺相	CKY 和 CK 的主触头	312、311、310 号线；307、308、309 号线；304、305、306 号线	□完成 □未完成
			封星电路缺相	CKF 的主触头	317、318、316 号线	□完成 □未完成
			快速启动缺相	RGD 启动电阻器	304、305、306 号线；307、308、309 号线	□完成 □未完成
		慢速运行缺相	慢速运行缺相	CMY 的主触头	304、305、306 号线；313、314、315 号线	□完成 □未完成
			一级减速缺相	CM 的主触头和 RZD 制动电阻	313、314、315 号线	□完成 □未完成
			二级减速缺相	1CMY 的主触头和 RZD 制动电阻	1CMY 主触头连线	□完成 □未完成
		运行缺相	上行缺相	CS 的主触头	304、306 号线	□完成 □未完成
			下行缺相	CX 的主触头	304、306 号线	□完成 □未完成
2	主电路慢速故障	慢速运行电路故障	慢速无法运行	CM 线圈或主触头两相以上断路	CM 线圈损坏或控制电路问题及 CM 主触头	□完成 □未完成
		慢速减速电路故障	一级减速不停	1CMY 线圈或主触头两相以上断路	1CMY 线圈损坏或控制电路问题及 1CMY 主触头或是制动电阻 RZD	□完成 □未完成
			二级减速不停	CMY 线圈或主触头两相以上断路	CMY 线圈损坏或控制电路问题及 CMY 主触头	□完成 □未完成
3	主电路快速故障	无法启动	电动机输电电路故障	CK 接触器线圈或触头两相以上断路	307、308、309 号线；310、311、312 号线	□完成 □未完成
				启动电阻 RGD 故障	304、305、306 号线；307、308、309 号线	□完成 □未完成
			封星电路故障	CKF 接触器线圈或触头两相以上断路	316、317、318 号线	□完成 □未完成
		启动电路故障	启动不停	CKY 接触器线圈或触头两相以上断路	304、305、306 号线；307、308、309 号线	□完成 □未完成

续表

序号	现象	判断	检查项目	涉及器件	相关内容	完成情况
4	主电路正反转故障	电动机正转或反转无法运行	电动机正转无法运行	CS 接触器线圈或触头两相以上断路	304、305、306 号线	□完成 □未完成
			电动机反转无法运行	CX 接触器线圈或触头两相以上断路	304、305、306 号线	□完成 □未完成
		主电路不运行	电动机正反转均不运行	CX 和 CS 接触器线圈或触头两相以上断路	301、302、303 号线	□完成 □未完成

三、进行 JH-751 电梯主电路自检

根据 JH-751 电梯主电路的维修情况，以接触器是否工作正常和导线是否导通进行自检，将自检结果填入表 1-3-2。不可修复的问题注明后也填入备注栏。

表 1-3-2　JH-751 电梯主电路维修自检表

序号	JH-751 主电路		是 / 否	备注
1	主电路接触器功能正常	上行方向工作接触器 CS		
		下行方向工作接触器 CX		
		快速状态接触器 CKF		
		快速状态准备接触器 CK		
		快速运行接触器 CKY		
		慢速状态接触器 CM		
		慢速运行接触器 CMY		
		制动电阻切除接触器 1CMY		
		启动电阻 RGD		
		制动电阻 RZD		
2	主电路导线导通	301、302、303 号线		
		304、305、306 号线		
		307、308、309 号线		
		310、311、312 号线		
		316、317、318 号线		
		313、314、315 号线		

续表

序号	JH-751 主电路		是/否	备注
3	主电路接触器牢固	上行方向工作接触器 CS		
		下行方向工作接触器 CX		
		快速状态接触器 CKF		
		快速状态准备接触器 CK		
		快速运行接触器 CKY		
		慢速状态接触器 CM		
		慢速运行接触器 CMY		
		制动电阻切除接触器 1CMY		
		启动电阻 RGD		
		制动电阻 RZD		
4	主电路接线牢固	301、302、303 号线		
		304、305、306 号线		
		307、308、309 号线		
		310、311、312 号线		
		316、317、318 号线		
		313、314、315 号线		

四、JH-751 主电路维修验收

以小组为单位进行 JH-751 电梯主电路的验收工作。填写表 1-3-3，其中只填写电梯主电路运行过程的验收结果。根据验收结果在检验结果栏的合格项或不合格项填写"√"。本次验收不再进行改变。验收人为项目负责人。

表 1-3-3　JH-751 电梯主电路维修验收记录表

工程名称		JH-751 电梯主电路验收		项目：　　年　　月　　日	
检验项目				检验结果	
				合格	不合格
上行	快速	步骤一	CS 线圈得电吸合		
		步骤二	CKF 和 CK 线圈得电吸合		
		步骤三	电动机转速上升至快速额定速度的 80% 时启动结束		
		步骤四	CKY 线圈得电吸合电动机快速运行		
	慢速	步骤五	CKF、CK、CKY 接触器线圈断电接触器复位		
		步骤六	CM 线圈得电吸合		
		步骤七	1~2 s 后 1CMY 接触器线圈得电吸合		
		步骤八	1~2 s 后 CMY 接触器线圈得电吸合		

续表

工程名称		JH-751 电梯主电路验收		项目：　　年　　月　　日	
下行	快速	步骤九	CX 线圈得电吸合		
		步骤十	CKF 和 CK 线圈得电吸合		
		步骤十一	电动机转速上升至快速额定速度的 80% 时启动结束		
		步骤十二	CKY 线圈得电吸合电动机快速运行		
	慢速	步骤十三	CKF、CK、CKY 接触器线圈断电接触器复位		
		步骤十四	CM 线圈得电吸合		
		步骤十五	1~2 s 后 1CMY 接触器线圈得电吸合		
		步骤十六	1~2 s 后 CMY 接触器线圈得电吸合		

学习活动 4　工作总结与评价

学习目标

1. 能按分组情况，派代表展示工作成果，说明本次任务的完成情况，并做分析总结。
2. 能结合任务完成情况，正确规范地撰写工作总结。
3. 能就本次任务中出现的问题提出改进措施。
4. 能对学习与工作进行反思总结，并能与他人开展良好合作，进行有效沟通。

建议学时

2 学时。

学习过程

一、个人、小组评价

以小组为单位，选择演示文稿、展板、海报、视频等形式中的一种或几种，向全班展示、汇报维修成果。在展示的过程中，以小组为单位进行评价；评价完成后，根据其他小组成员对本组展示成果的评价意见进行归纳总结。

汇报检修思路：

其他小组成员的评价意见：

二、教师评价

认真听取教师对本小组展示成果优缺点以及在完成任务过程中出现的亮点和不足的评价意见，并做好记录。

1. 教师对本小组展示成果优点的点评。

2. 教师对本小组展示成果缺点及改进方法的点评。

3. 教师对本小组在整个任务完成过程中出现的亮点和不足的点评。

三、工作过程回顾及总结

1. 在团队学习过程中，项目负责人给你分配了哪些工作任务？你是如何完成的？还有哪些需要改进的地方？

2. 总结完成 JH-751 电梯主电路维修任务过程中遇到的问题和困难，列举 2~3 点你认为比较值得和其他同学分享的工作经验。

3. 回顾本学习任务的工作过程，对新学专业知识和技能进行归纳和整理，撰写工作总结。

评价与分析

按照客观、公正和公平原则，在教师的指导下按自我评价、小组评价和教师评价三种方式对自己或他人在本学习任务中的表现进行综合评价。综合等级按 A（90~100 分）、B（75~89 分）、C（60~74 分）、D（0~59 分）四个级别进行填写，填写在表 1-4-1 中。

表 1-4-1　学习任务综合评价表

考核项目	评价内容	配分（分）	评价分数		
			自我评价	小组评价	教师评价
职业素养	劳动保护用品穿戴完备，仪容仪表符合工作要求	5			
	安全意识、责任意识强	6			
	积极参加教学活动，按时完成各项学习任务	6			
	团队合作意识强，善于与人交流和沟通	6			
	自觉遵守劳动纪律，尊敬师长，团结同学	6			
	爱护公物，节约材料，管理现场符合 6S 标准	6			
专业能力	专业知识扎实，有较强的自学能力	10			
	操作积极，训练刻苦，具有一定的动手能力	15			
	技能操作规范，遵循安全规程，工作效率高	10			
工作成果	JH-751 电梯主电路原理清晰，维修时能按照标准流程进行	20			
	工作总结符合要求	10			
总　分		100			
总评	自我评价 ×20%+ 小组评价 ×20%+ 教师评价 ×60%=	综合等级	教师（签名）：		

学习任务二　典型继电式(JH-751)电梯定向电路维修

【学习目标】

1. 能通过阅读电梯维修任务单,明确工作任务。
2. 能查阅相关资料,学习继电式(JH-751)电梯定向电路基本知识。
3. 能根据任务要求观察电梯定向电路现象,填写电梯定向电路故障现象登记表。
4. 能明确电梯定向电路的工作流程。
5. 能与项目组长进行专业沟通,根据电梯定向电路维修任务单和故障树分析图以及实际情况,制订维修计划。
6. 能根据电梯定向电路维修的相关内容,确定所需工具和材料。
7. 能查阅相关资料,学习电梯定向电路的维修方法。
8. 能按工艺要求和安全操作规程要求,完成电梯定向电路的维修。
9. 能进行电梯定向电路维修后的检查工作。
10. 能对电梯定向电路的维修过程进行总结与评价。

【建议学时】

20学时。

【工作情境描述】

学院某办公楼需维修一部四层四站的继电控制式电梯,该电梯曳引机为双速电动机,采用变极调速。受学院委托,电梯工程技术专业学生承接电梯定向电路维修任务。要求参照“故障树”分析方法,在1天之内完成对电梯定向电路的维修,完成后交付验收。

【工作流程与活动】

电梯定向电路维修

学习活动1　明确工作任务(4学时)

学习活动2　制订工作计划(6学时)

学习活动 3　电梯定向电路的维修及检查验收(8 学时)

学习活动 4　工作总结与评价(2 学时)

学习活动 1　明确工作任务

学习目标

1. 能通过阅读电梯定向电路维修任务单,明确工作任务。
2. 能查阅相关资料,学习电梯定向电路的基本知识。

建议学时

4 学时

学习过程

一、接受任务单,明确工作任务

电梯维修作业人员从项目组组长处领取电梯定向电路维修工作任务单,见表 2-1-1,明确维修项目、时间、地点等内容。

表 2-1-1　电梯定向电路维修工作任务单

电梯编号	故障位置	开始时间	结束时间	共计
1 号楼 1 号梯	定向电路			1 个工作日
故障原因及内容:				
维修过程及安全措施: 维修人:				
检定结论(含技术参数功能): 检验人:　　　　日期:				

续表

电梯定向电路电气原理图

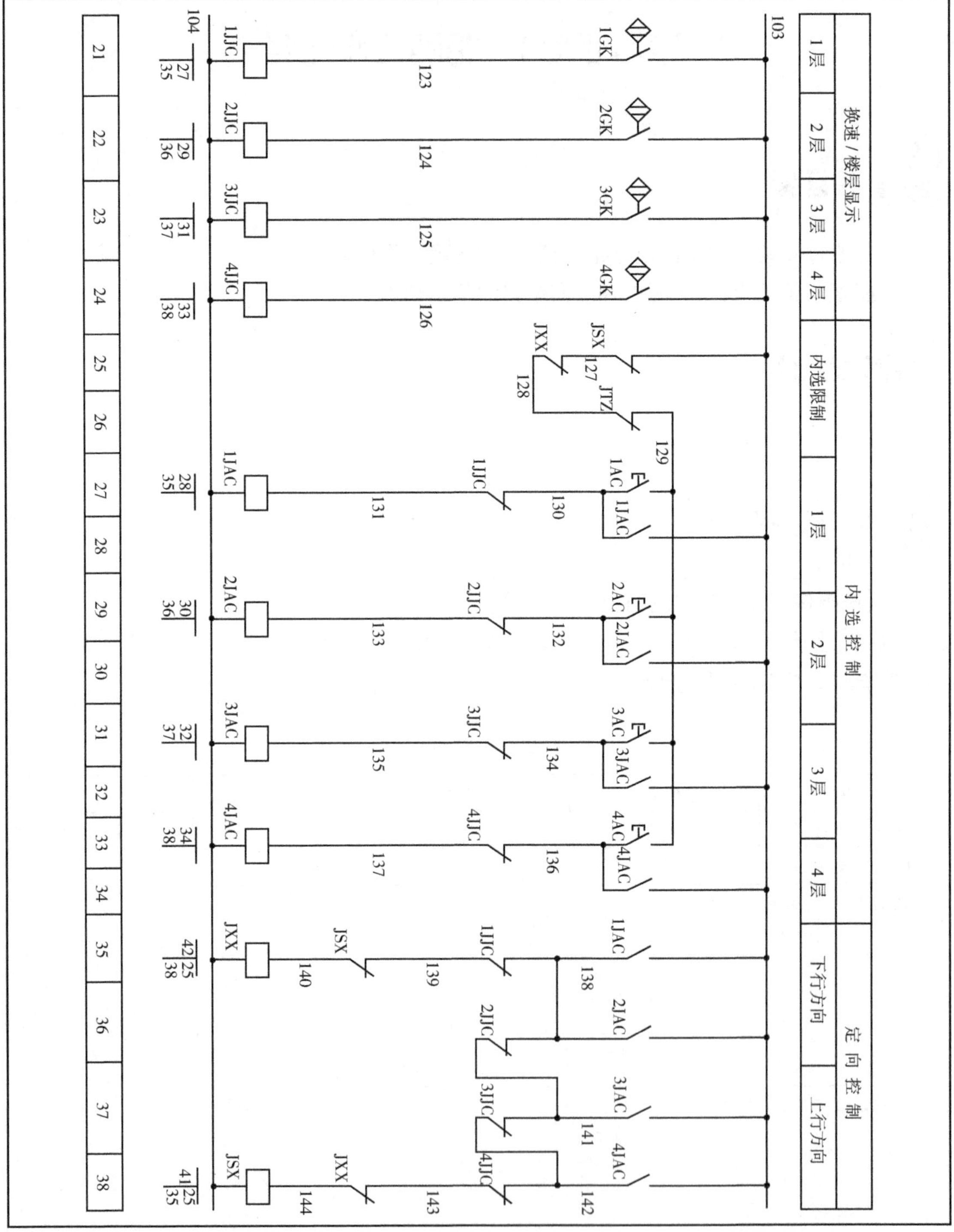

通过阅读维修任务单，回答以下问题：

1. 该项工作的施工地点在什么地方?

2. 该项工作要求的时间是多长?

3. 该项工作具体内容是什么?

4. 掌握定向电路原理需要哪些专业知识?

5. 电气原理图中“母线”是什么含义?

二、电梯定向电路维修相关知识

根据电梯原理相关资料学习干簧管相关知识和检修方法,并补充完整下面内容。

1. 干簧管相关知识

参考相关资料学习干簧管运行原理,将表 2-1-2 内容补充完整。

表 2-1-2　干簧管认知表

示意图形	结构类型
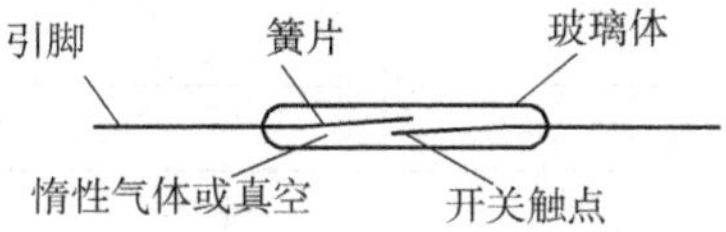	
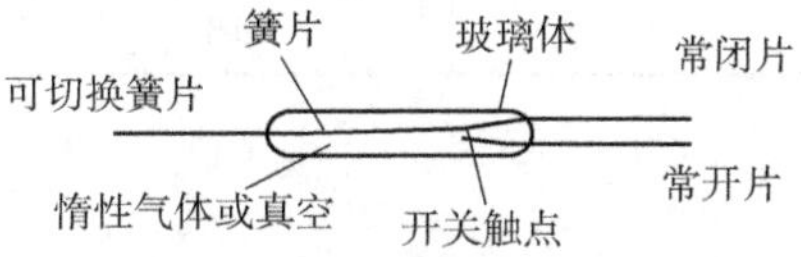	
示意图形	干簧片吸合方式
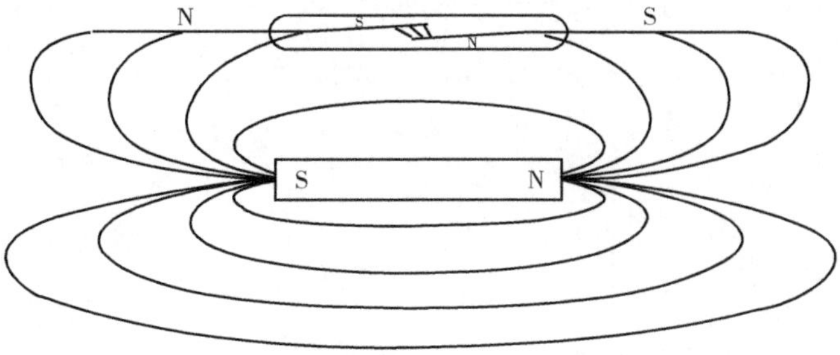	

续表

<table>
<tr><td>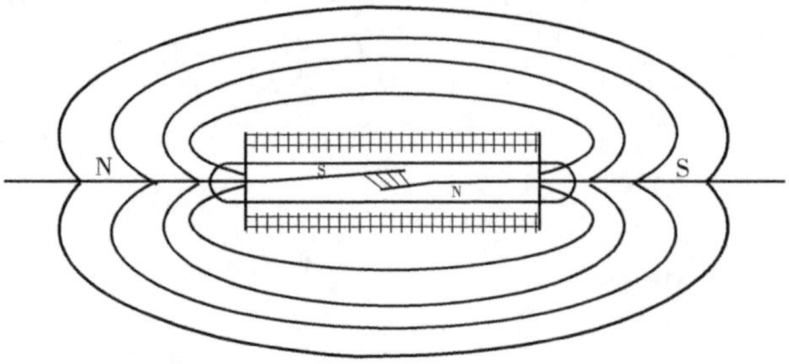
</td><td></td></tr>
<tr><td colspan="2">干式舌簧管的特点</td></tr>
<tr><td colspan="2">1. 干式舌簧管结构紧凑、质量小，能够安装在极度有限的空间，极适合用于 _______ 化设备。
2. 干式舌簧管的开关元器件被气密式 _______ 密封于惰性气体气氛中，永远不会与外界环境接触，工作寿命 _______。
3. 干式舌簧管没有采用滑动元件，所以不会出现与所有金属降级有关的金属 _______ 现象，确保实际上无极限的机械使用寿命。</td></tr>
<tr><td>示意图形</td><td>简述干簧管工作原理</td></tr>
<tr><td>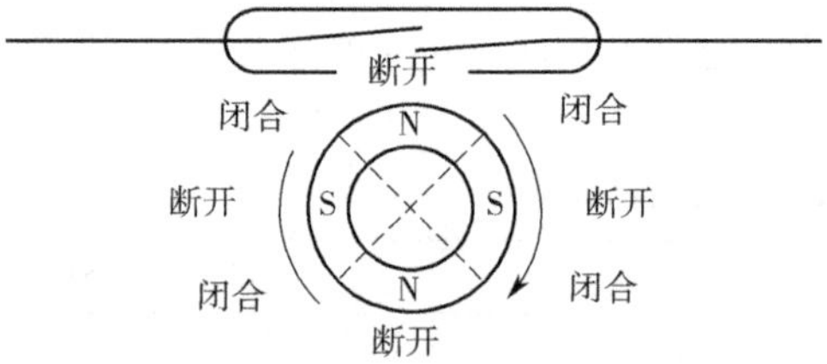
</td><td></td></tr>
<tr><td>干簧管型号</td><td>触点数量</td></tr>
<tr><td>SH-22</td><td>常闭 _______ 常开 _______</td></tr>
<tr><td>CM1-3</td><td>常闭 _______ 常开 _______</td></tr>
</table>

2. 检修相关知识

参考相关资料，学习不同的检修方法，填写表 2-1-3 并将其内容补充完整。

表 2-1-3　检修认知表

检修方法	图示	判断方法
电阻测量法	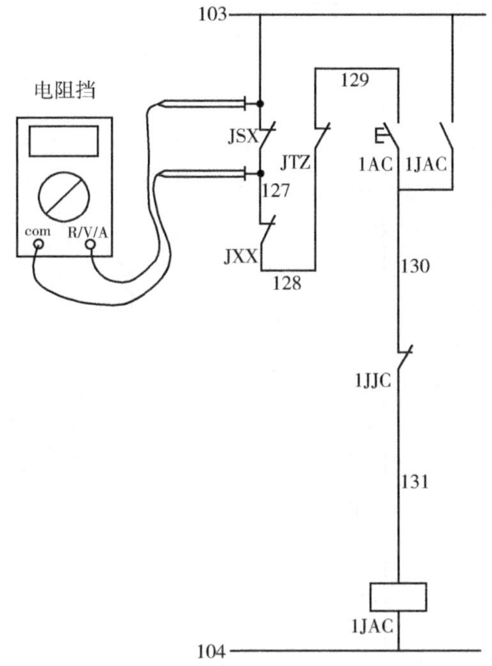	使用电阻挡测量时若电阻挡显示为无穷大则表示所测电路 _______，反之则表示所测电路 _______。
电位测量法	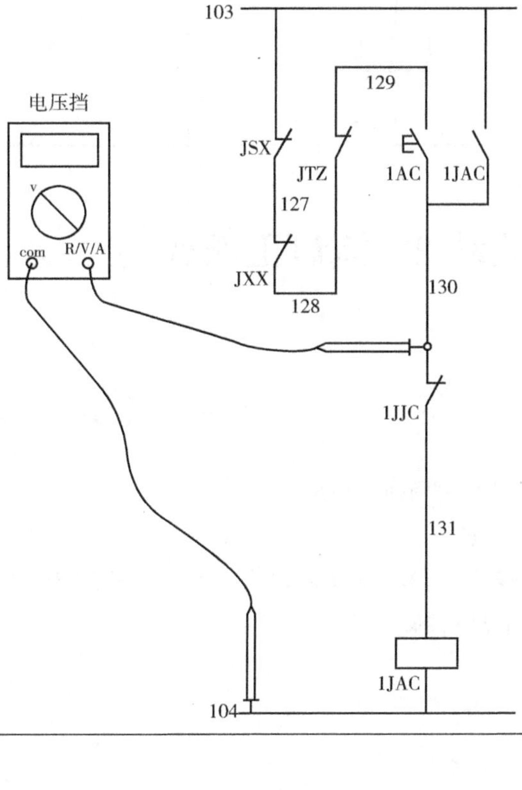	使用电压挡测量时若电压挡显示为正常电压则表示所测电路 _______，反之则表示所测电路 _______。

续表

检修方法	图示	判断方法
短接法	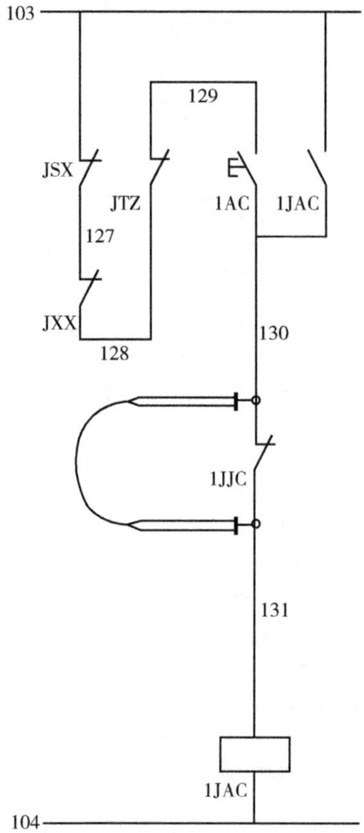	使用短接法时若电路仍无法正常工作，则表示所短接电路位置 _______，反之则表示短接电路位置 _______。使用短接法时不可将 _______ 进行短接。

学习活动 2　制订工作计划

学习目标

1. 能根据任务要求测绘 JH-751 电梯定向电路。
2. 明确电梯定向电路的维修流程。
3. 能根据电梯定向电路的维修流程和具体故障现象，制订维修工作计划。
4. 能根据施工需要领取相关工具材料。

建议学时

6 学时。

学习过程

一、测绘 JH-751 电梯定向电路配线表

电梯维修工从组长处领取 JH-751 电梯定向电路实际配线表，见表 2-2-1，根据 JH-751 电梯定向电路电气原理图测量并绘制 JH-751 电梯定向电路配线图。

表 2-2-1　JH-751 电梯定向电路配线表

JH-751 电梯定向电路配线图	备注
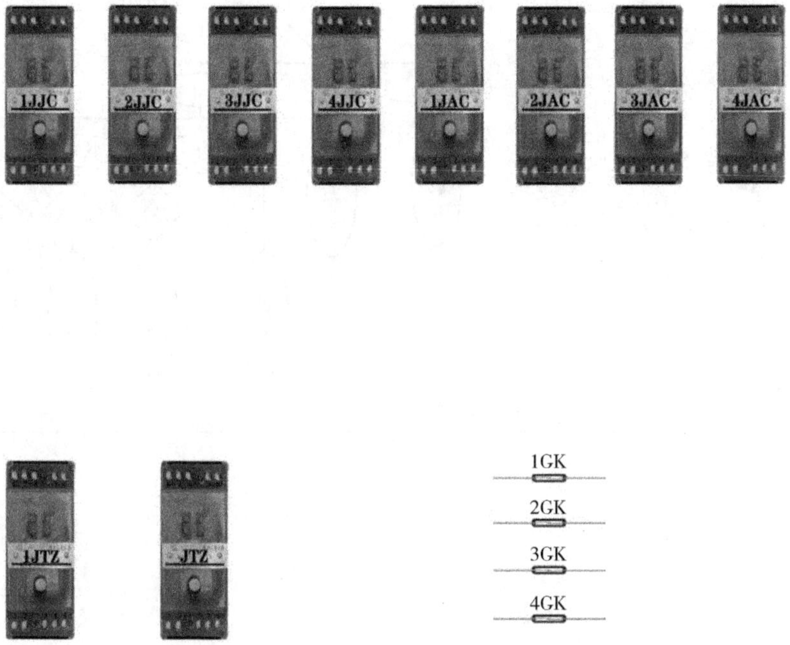	

二、明确电梯定向电路维修流程

熟悉电梯定向电路故障树，根据表 2-2-2 中，电梯定向电路的故障树分析图，编写工作流程及维修注意事项，并将计划及注意事项填入表内。

表 2-2-2　定向电路维修计划表

1.JH-751 电梯定向电路故障树分析图
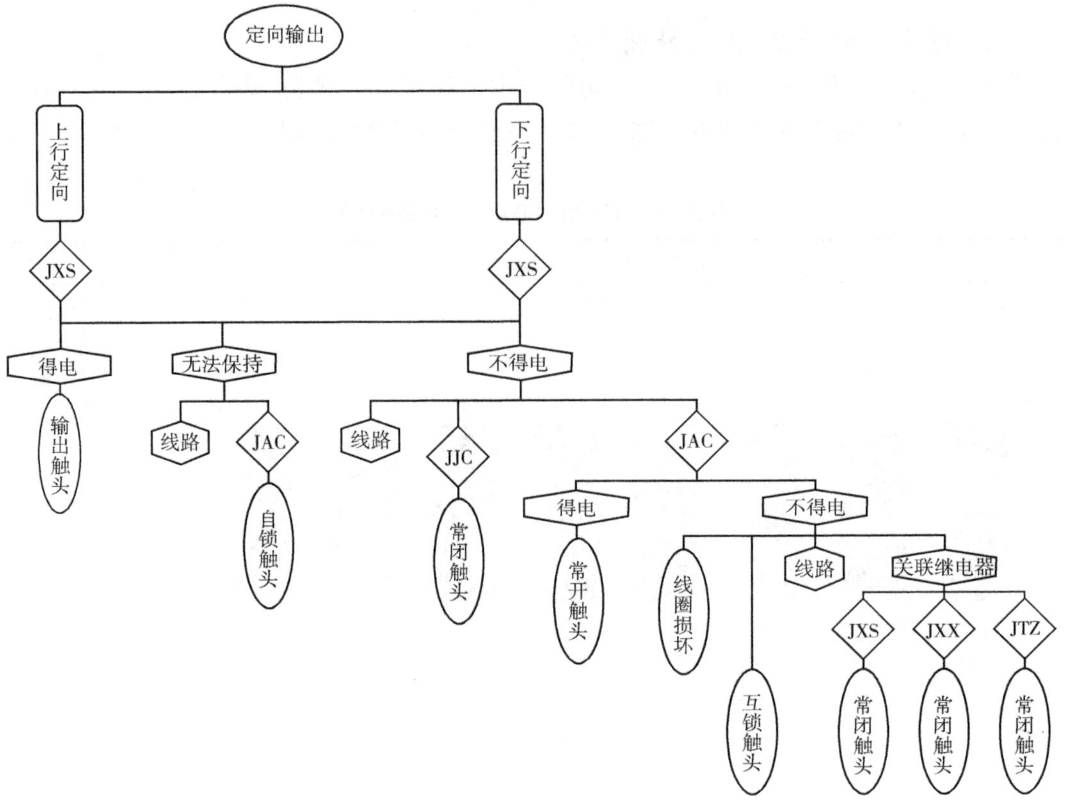
2. 维修流程及维修方法
3. 检修注意事项

三、制订工作计划

根据电梯定向电路的维修流程，制订工作计划，填写在表 2-2-3 中。

表 2-2-3　JH-751 电梯定向电路维修工作计划表

1. 电梯型号	JH-751			
2. 定向电路器件列表				
3. 所需的工具、设备、材料				
4. 人员分工				
序号	工作内容	负责人	计划完成时间	备注
1				
2				
3				
4				
5				
6				
7				
8				
9				
10				
11				
12				
13				
14				
15				
16				

制订完工作计划后,需要对计划内容、维修流程进行可行性研究,要求对实施地点、准备工作、故障现象、维修流程等细节进行探讨,保证后续维修工作安全、可靠地执行。

四、领取 JH-751 电梯定向电路维修工具和耗材

领取相关工具和耗材,核对工具和耗材的名称、数量、单位和规格,填写工具和材料领用表,见表 2-2-4,为领取工具和耗材提供凭证。在教师指导下,了解相关工具的使用方法,检查工具是否能正常使用,耗材领取要适量,不宜过多或不够用。

表 2-2-4　工具和材料领用表

序号	名称	图示	单位	数量	规格	领用时间	领用人	归还时间	备注
1	万用表								
2	钳形电流表								
3	活扳手	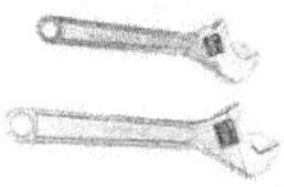							
4	导线								
5	卷尺								
6	电工工具								
7	呆扳手	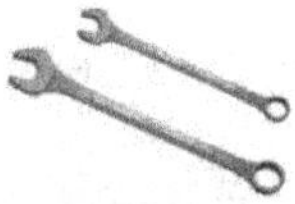							
8	继电器								
9	干簧管								

续表

序号	名称	图示	单位	数量	规格	领用时间	领用人	归还时间	备注
10	胶布								
11	针形端子								
12	M4×30 螺栓 螺母								
13	护栏	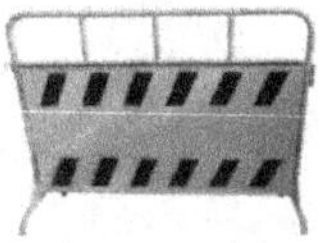							
注意事项	1. 领用人应保管好所领取的工具及材料,若有遗失,需照价赔偿。 2. 领用工具不得在实训场地以外使用,非允许不得外借他人使用。 3. 替换的耗料在工作完毕后应清点回收。 4. 避免耗料的浪费。								

学习活动 3　电梯定向电路的维修及检查验收

学习目标

1. 查阅相关资料,学习电梯定向电路的维修思路。
2. 能按操作流程和安全操作规程的要求,掌握电梯定向电路的运行原理及维修方法。
3. 能对电梯定向电路进行自查和验收。

建议学时

8 学时。

学习过程

一、学习电梯定向电路维修相关知识

通过查阅相关资料，回答下列问题，学习电梯定向电路的维修方法。

1.JH-751 电梯属于典型继电器控制电梯，该电梯属于货梯，其运行顺序是怎样的？

2.JH-751 电梯的楼层显示系统靠什么元件确定电梯所在楼层？

3. 如图 2-3-1 所示：JH-751 电梯为了在楼层显示切换过程中不出现长时间的楼层无显示状态，其遮磁板的长度应该是多少？

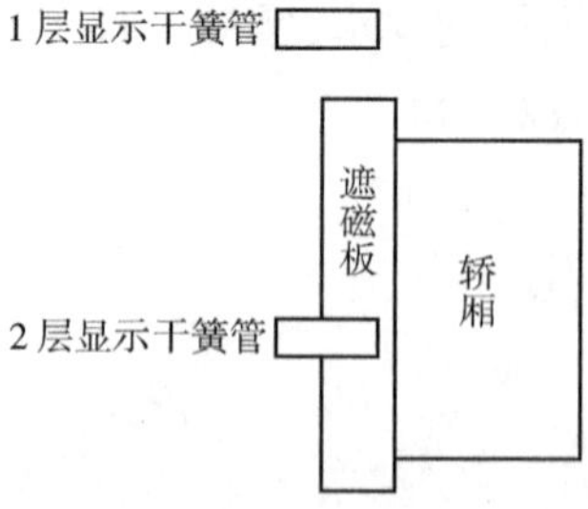

图 2-3-1　电梯层显示方法示意图

4. 如图 2-3-2 所示:遮磁板插入干簧管内时,干簧管应如何动作?

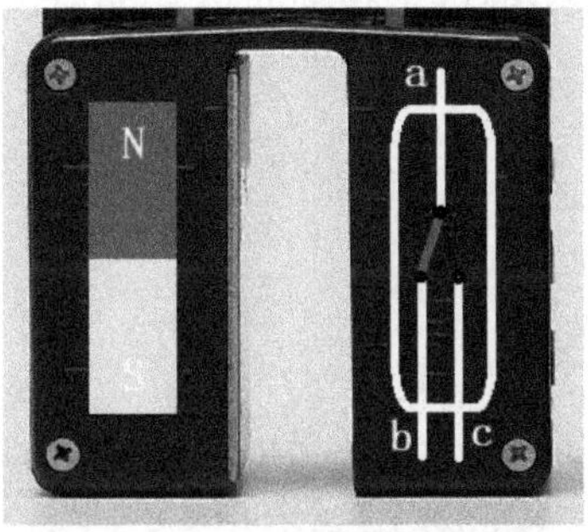

图 2-3-2　干簧管机构示意图

5.GK 表示干簧管元件,假设电梯处于井道之内,则 1~4 层 GK 是否都为常开状态,为什么?

6. 分析 JH-751 电梯定向电路时,是否应首先从假设电梯处于 1~4 层的任意层开始分析,为什么?

7. 假设电梯由一层运行至四层,1~4 层 GK 的闭合顺序是怎样的?此时 1~4 层 GK 是否会复位为常开模式?其复位过程是怎样的?

8.JH-751 电梯定向电路中，JJC 继电器的含义是什么？1~4 层 JJC 继电器的三大功能是什么？

9.JTZ 是什么接触器？JH-751 电梯定向电路中和“内选限制”相关的元件分别有 JSX、JXX、JTZ 三个常闭触点，这些常闭触点是在何时以及如何进行“内选限制”的？

10.JH-751 电梯定向电路，内选控制，第 27 区中，1JJC 常闭触点的作用是什么？1~4 层 JJC 常闭触点，在内选控制 27~34 区的作用是否相同？

11. 在 JH-751 电梯定向电路的 35~38 区中，1~4 层 JJC 的常闭触点起到什么作用？

12. 在 JH-751 电梯定向电路的 35~38 区中，1~4 层 JAC 的常开触点的排列顺序能不能更换，为什么？

13. 假设电梯轿厢停靠在二层，此时按 2AC 按钮，JH-751 电梯定向电路的状态将会发生什么变化?

14. 假设电梯轿厢停靠在三层，此时按下 4AC 按钮，则 JH-751 电梯定向电路的状态将发生什么变化?

15. 在 JH-751 电梯定向电路中，4GK 已经闭合、按钮 1AC 按下、继电器 JXX 得电吸合。试分析在按下 1AC 时，JXX 是如何吸合的。

16. 设电梯轿厢在 1 层，按下 4AC 按钮后，JH-751 电梯定向电路中 JXS 得电吸合。此时电梯在运行过程中是否最终将运行至 4 层? 运行至 4 层后此时的定向电路状态将有何变化?

17.JH-751 电梯没有内选登记功能，即只能完成一次运行任务后再次选层。从定向电路的原理分析，电梯是如何防止重复内选的?

18.JH-751 电梯，若轿厢停靠在一层内选三层，定向电路可以正常工作。而电梯停靠在四层内选三层此时电梯定向电路无法正常工作。这种情况是否可能，为什么？

二、维修电梯定向电路

按照电梯定向电路的原理图和配线图，完成电梯定向电路的维修，应注意维修的相关内容。维修完成后，由指导教师检查定向电路运行的安全性和正确性后，方可测试定向电路功能，并将维修过程填写入表 2-3-1 中。

表 2-3-1　JH-751 电梯定向电路维修过程记录表

<table>
<tr><th>序号</th><th>现象</th><th>判断</th><th>检查项目</th><th colspan="2">涉及器件</th><th>相关内容</th><th>完成情况</th></tr>
<tr><td rowspan="14">1</td><td rowspan="14">定向电路运行</td><td rowspan="14">上行无输出</td><td>JSX 得电</td><td colspan="2">JSX 的输出触头</td><td>103、153 号线</td><td>□完成
□未完成</td></tr>
<tr><td rowspan="3">JSX 不能保持</td><td colspan="2">2JAC 自锁触头</td><td>103、132 号线</td><td>□完成
□未完成</td></tr>
<tr><td colspan="2">3JAC 自锁触头</td><td>103、134 号线</td><td>□完成
□未完成</td></tr>
<tr><td colspan="2">4JAC 自锁触头</td><td>103、136 号线</td><td>□完成
□未完成</td></tr>
<tr><td rowspan="10">JSX 不得电</td><td rowspan="10">2~4 层 JAC 不得电</td><td>JSX、JXX、JTZ 接触器触头</td><td>127、128、129 号线</td><td>□完成
□未完成</td></tr>
<tr><td>2JJC 常闭触头</td><td>132、133 号线</td><td>□完成
□未完成</td></tr>
<tr><td>3JJC 常闭触头</td><td>134、135 号线</td><td>□完成
□未完成</td></tr>
<tr><td>4JJC 常闭触头</td><td>136、137 号线</td><td>□完成
□未完成</td></tr>
<tr><td>2JAC 线圈</td><td>133、104 号线</td><td>□完成
□未完成</td></tr>
<tr><td>3JAC 线圈</td><td>135、104 号线</td><td>□完成
□未完成</td></tr>
<tr><td>4JAC 线圈</td><td>137、104 号线</td><td>□完成
□未完成</td></tr>
<tr><td>2AC 按钮</td><td>129、132 号线</td><td>□完成
□未完成</td></tr>
<tr><td>3AC 按钮</td><td>129、134 号线</td><td>□完成
□未完成</td></tr>
</table>

续表

序号	现象	判断	检查项目	涉及器件		相关内容	完成情况
1	定向电路运行	上行无输出	JSX不得电	2~4层JAC不得电	4AC按钮	129、136号线	□完成 □未完成
				2~4层JAC得电	2JJC常开触头	103、138号线	□完成 □未完成
					3JJC常开触头	103、141号线	□完成 □未完成
					4JJC常开触头	103、142号线	□完成 □未完成
					2JJC常闭触头	138、141号线	□完成 □未完成
					3JJC常闭触头	141、142号线	□完成 □未完成
					4JJC常闭触头	142、143号线	□完成 □未完成
					JXX常闭触头	143、144号线	□完成 □未完成
					JSX线圈	144、104号线	□完成 □未完成
2	定向电路运行	下行无输出	JXX得电	JXX的输出触头		103、158号线	□完成 □未完成
			JXX不能保持	1JAC自锁触头		103、130号线	□完成 □未完成
				2JAC自锁触头		103、132号线	□完成 □未完成
				3JAC自锁触头		103、134号线	□完成 □未完成
			JSX不得电	1~3层JAC不得电	JSX、JXX、JTZ常闭触头	127、128、129号线	□完成 □未完成
					1JJC常闭触头	130、131号线	□完成 □未完成
					2JJC常闭触头	132、133号线	□完成 □未完成
					3JJC常闭触头	134、135号线	□完成 □未完成
					1JAC线圈	131、104号线	□完成 □未完成

续表

<table>
<tr><th>序号</th><th>现象</th><th>判断</th><th>检查项目</th><th colspan="2">涉及器件</th><th>相关内容</th><th>完成情况</th></tr>
<tr><td rowspan="13">2</td><td rowspan="13">定向电路运行</td><td rowspan="13">下行无输出</td><td rowspan="13">JSX不得电</td><td rowspan="5">1~3 层 JAC 不得电</td><td>2JAC 线圈</td><td>133、104 号线</td><td>□ 完成
□未完成</td></tr>
<tr><td>3JAC 线圈</td><td>135、104 号线</td><td>□ 完成
□未完成</td></tr>
<tr><td>1AC 按钮</td><td>129、130 号线</td><td>□ 完成
□未完成</td></tr>
<tr><td>2AC 按钮</td><td>129、132 号线</td><td>□ 完成
□未完成</td></tr>
<tr><td>3AC 按钮</td><td>129、134 号线</td><td>□ 完成
□未完成</td></tr>
<tr><td rowspan="8">1~3 层 JAC 得电</td><td>1JAC 常开触头</td><td>103、138 号线</td><td>□ 完成
□未完成</td></tr>
<tr><td>2JAC 常开触头</td><td>103、138 号线</td><td>□ 完成
□未完成</td></tr>
<tr><td>3JAC 常开触头</td><td>103、141 号线</td><td>□ 完成
□未完成</td></tr>
<tr><td>1JJC 常闭触头</td><td>138、139 号线</td><td>□ 完成
□未完成</td></tr>
<tr><td>2JJC 常闭触头</td><td>138、141 号线</td><td>□ 完成
□未完成</td></tr>
<tr><td>3JJC 常闭触头</td><td>141、142 号线</td><td>□ 完成
□未完成</td></tr>
<tr><td>JSX 常闭触头</td><td>139、140 号线</td><td>□ 完成
□未完成</td></tr>
<tr><td>JXX 线圈</td><td>140、104 号线</td><td>□ 完成
□未完成</td></tr>
</table>

三、进行 JH-751 电梯定向电路自检

根据 JH-751 电梯定向电路的维修情况，以接触器是否正常工作和导线是否导通进行自检，将自检结果填入表 2-3-2。不可修复的问题注明后也填入备注栏。

表 2-3-2　JH-751 电梯定向电路维修自检表

<table>
<tr><th>序号</th><th colspan="2">JH-751 定向电路</th><th>是 / 否</th><th>备注</th></tr>
<tr><td rowspan="4">1</td><td rowspan="4">定向电路接触器功能正常</td><td>上行方向定向继电器 JSX</td><td></td><td></td></tr>
<tr><td>下行方向定向继电器 JXX</td><td></td><td></td></tr>
<tr><td>层显示继电器 1~4 层 JJC</td><td></td><td></td></tr>
<tr><td>内选继电器 1~4 层 JAC</td><td></td><td></td></tr>
</table>

续表

序号	JH-751 定向电路		是 / 否	备注
2	定向电路导线导通	123、124、125、126 号线		
		127、128、129 号线		
		130、131 号线		
		132、133 号线		
		134、135 号线		
		136、137 号线		
		138、139、140 号线		
		142、143、144 号线		
		138、141、142 号线		
3	定向电路接触器牢固	上行方向定向继电器 JSX		
		下行方向定向继电器 JXX		
		层显示继电器 1~4 JJC		
		内选继电器 1~4 JAC		
4	定向电路接线牢固	123、124、125、126 号线		
		127、128、129 号线		
		130、131 号线		
		132、133 号线		
		134、135 号线		
		136、137 号线		
		138、139、140 号线		
		142、143、144 号线		
		138、141、142 号线		

四、JH-751 定向电路维修验收

以小组为单位进行 JH-751 电梯定向电路的验收工作，并填写表 2-3-3，只填写定向电路运行过程的验收结果。根据验收结果在验收结果栏的合格项或不合格项填写“√”。本次验收不再进行改变。验收人为项目负责人。

表 2-3-3　JH-751 电梯定向电路维修验收记录表

工程名称	JH-751 电梯定向电路验收	项目：　　年　　月　　日			
检验项目				检验结果	
				合格	不合格
上行定向	1 层~3 层	步骤 1	1GK 闭合 /1JJC 得电吸合		
		步骤 2	3AC 闭合 /3JAC 得电吸合		
		步骤 3	JSX 得电吸合		
	2 层~4 层	步骤 4	2GK 闭合 /2JJC 得电吸合		
		步骤 5	4AC 闭合 /4JAC 得电吸合		
		步骤 6	JSX 得电吸合		
	1 层~2 层	步骤 7	1GK 闭合 /1JJC 得电吸合		
		步骤 8	2AC 闭合 /2JAC 得电吸合		
		步骤 9	JSX 得电吸合		
下行定向	3 层~1 层	步骤 10	3GK 闭合 /3JJC 得电吸合		
		步骤 11	3AC 闭合 /3JAC 得电吸合		
		步骤 12	JXX 得电吸合		
	4 层~2 层		4GK 闭合 /4JJC 得电吸合		
		步骤 13	2AC 闭合 /2JAC 得电吸合		
		步骤 14	JXX 得电吸合		
	2 层~1 层	步骤 15	2GK 闭合 /2JJC 得电吸合		
		步骤 16	1AC 闭合 /1JAC 得电吸合		
			JXX 得电吸合		

学习活动 4　工作总结与评价

学习目标

1. 能按分组情况，派代表展示工作成果，说明本次任务的完成情况，并做分析总结。
2. 能结合任务完成情况，正确规范地撰写工作总结。
3. 能就本次任务中出现的问题提出改进措施。
4. 能对学习与工作进行反思总结，并能与他人开展良好合作，进行有效沟通。

建议学时

2 学时。

学习过程

一、个人、小组评价

以小组为单位,选择演示文稿、展板、海报、视频等形式中的一种或几种,向全班展示、汇报维修成果。在展示的过程中,以小组为单位进行评价;评价完成后,根据其他小组成员对本组展示成果的评价意见进行归纳总结。

汇报检修思路:

其他小组成员的评价意见:

二、教师评价

认真听取教师对本小组展示成果优缺点以及在完成任务过程中出现的亮点和不足的评价意见,并做好记录。

1. 教师对本小组展示成果优点的点评。

2. 教师对本小组展示成果缺点及改进方法的点评。

3. 教师对本小组在整个任务完成过程中出现的亮点和不足的点评。

三、工作过程回顾及总结

1. 在团队学习过程中，项目负责人给你分配了哪些工作任务？你是如何完成的？还有哪些需要改进的地方？

2. 总结完成 JH-751 电梯定向电路维修任务过程中遇到的问题和困难，列举 2~3 点你认为比较值得和其他同学分享的工作经验。

3. 回顾本学习任务的工作过程，对新学专业知识和技能进行归纳和整理，撰写工作总结。

评价与分析

按照客观、公正和公平原则,在教师的指导下按自我评价、小组评价和教师评价三种方式对自己或他人在本学习任务中的表现进行综合评价。综合等级按 A(90~100 分)、B(75~89 分)、C(60~74 分)、D(0~59 分),四个级别进行填写,填写在表 2-4-1 中。

表 2-4-1　学习任务综合评价表

考核项目	评价内容	配分(分)	评价分数		
			自我评价	小组评价	教师评价
职业素养	劳动保护用品穿戴完备,仪容仪表符合工作要求	5			
	安全意识、责任意识强	6			
	积极参加教学活动,按时完成各项学习任务	6			
	团队合作意识强,善于与人交流和沟通	6			
	自觉遵守劳动纪律,尊敬师长,团结同学	6			
	爱护公物,节约材料,管理现场符合 6S 标准	6			
专业能力	专业知识扎实,有较强的自学能力	10			
	操作积极,训练刻苦,具有一定的动手能力	15			
	技能操作规范,遵循安全规程,工作效率高	10			
工作成果	JH-751 电梯定向电路原理清晰,维修时能按照标准流程进行	20			
	工作总结符合要求	10			
总　分		100			
总评	自我评价 ×20%+ 小组评价 ×20%+ 教师评价 ×60%=	综合等级	教师(签名):		

学习任务三　典型继电式(JH-751)电梯运行辅助电路维修

【学习目标】

1. 能通过阅读电梯维修任务单,明确工作任务。
2. 能查阅相关资料,学习继电式电梯(JH-751)电梯运行辅助电路基本知识。
3. 能根据任务要求观察电梯运行辅助电路现象,填写电梯运行辅助电路故障现象登记表。
4. 能明确电梯运行辅助电路的工作流程。
5. 能与项目组长进行专业沟通,根据电梯运行辅助电路维修任务单和故障树分析图以及实际情况,制订维修计划。
6. 能根据电梯运行辅助电路维修的相关内容,确定所需工具和材料。
7. 能查阅相关资料,学习电梯运行辅助电路的维修方法。
8. 能按工艺要求和安全操作规程要求,完成电梯运行辅助电路的维修。
9. 能进行电梯运行辅助电路维修后的检查工作。
10. 能对电梯运行辅助电路的维修过程进行总结与评价。

【建议学时】

20学时。

【工作情境描述】

学院某办公楼需维修一部四层四站的继电式电梯,该电梯曳引机为双速电动机,采用变极调速。受学院委托,电梯工程技术专业学生承接电梯运行辅助电路维修任务。要求参照"故障树"分析方法,在1天之内完成对电梯运行辅助电路的维修,完成后交付验收。

【工作流程与活动】

电梯运行辅助电路维修

学习活动1　明确工作任务(4学时)

学习活动 2　制订工作计划(6 学时)
学习活动 3　电梯运行辅助电路的维修及检查验收(8 学时)
学习活动 4　工作总结与评价(2 学时)

学习活动 1　明确工作任务

学习目标

1. 能通过阅读电梯运行辅助电路维修任务单,明确工作任务。
2. 能查阅相关资料,学习电梯运行辅助电路的基本知识。

建议学时

4 学时。

学习过程

一、接受任务单,明确工作任务

电梯维修作业人员从项目组组长处领取电梯运行辅助电路维修工作任务单,见表 3-1-1,明确维修项目、时间、地点等内容。

表 3-1-1　电梯运行辅助电路维修工作任务单

电梯编号	故障位置	开始时间	结束时间	共计
1 号楼 1 号梯	运行辅助电路			1 个工作日
故障原因及内容:				
维修过程及安全措施: 维修人:				
检定结论(含技术参数功能): 检验人:　日期:				
电梯运行辅助电路电气原理图				

续表

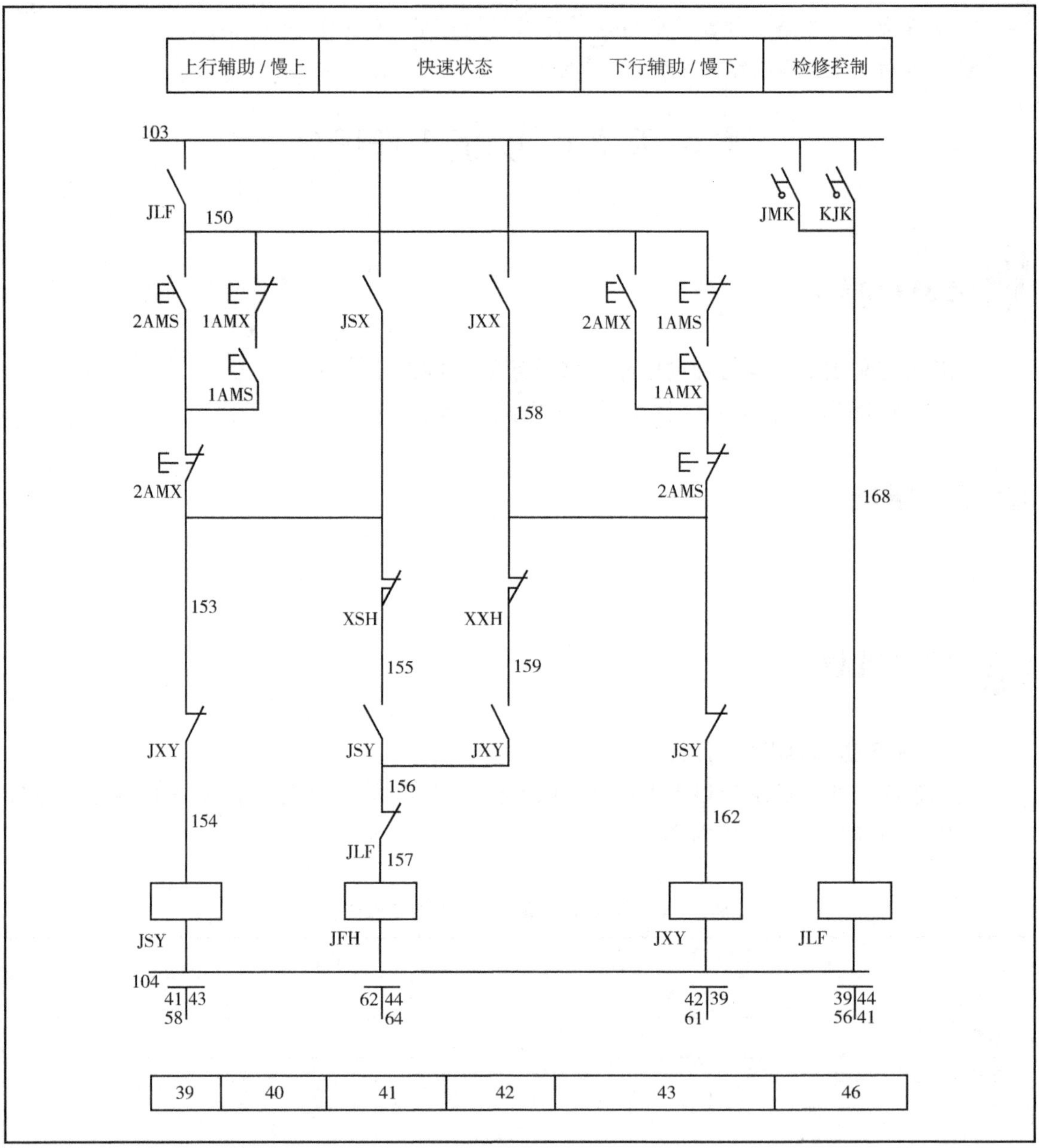

通过阅读维修任务单，回答以下问题：

1. 该项工作的施工地点在什么地方？

2. 该项工作要求的时间是多长？

3. 该项工作具体内容是什么？

4. 掌握运行辅助电路原理需要哪些专业知识?

5. 运行辅助电路中 XSH 符号表示什么器件?

二、学习电梯运行辅助电路维修相关知识

参考电梯原理相关资料,学习直流继电器相关知识和行程开关相关知识,并补充完整表 3-1-2 内容。

1. 直流继电器相关知识

根据资料学习直流继电器的相关知识,并填写表 3-1-2,将表中内容补充完整。

表 3-1-2　直流继电器认知表

图形	直流继电器各零部件名称
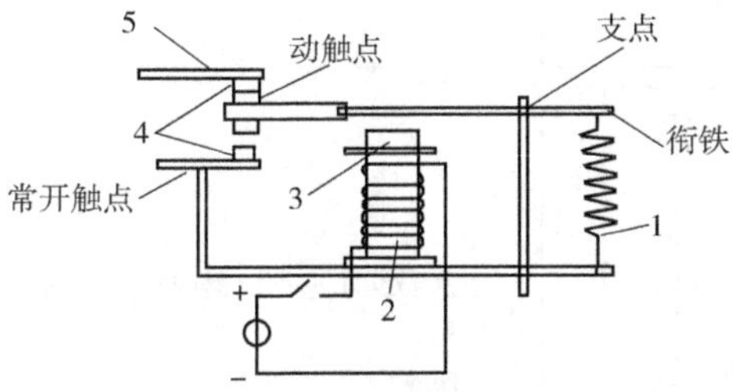	1—— 2—— 3—— 4—— 5——
电气符号	含义
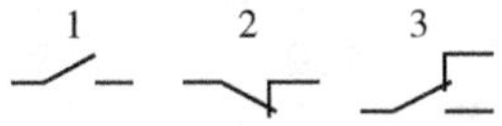	1—— 2—— 3——
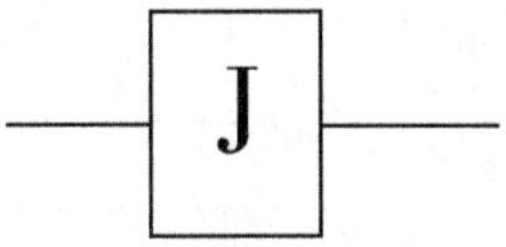	

续表

<table>
<tr><td>直流继电器管脚示意图</td><td>解释</td></tr>
<tr><td>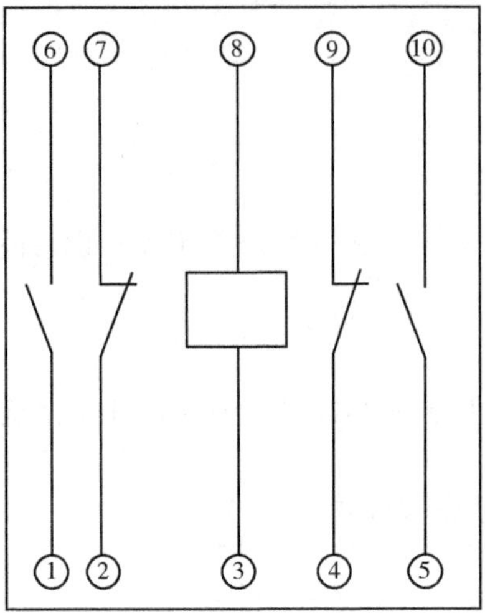

DZ-51</td><td>根据 DZ-51 型继电器内部结构图,写出对应的管脚号。
1. 线圈:
2. 常开:
3. 常开:
4. 常闭:
5. 常闭:</td></tr>
<tr><td>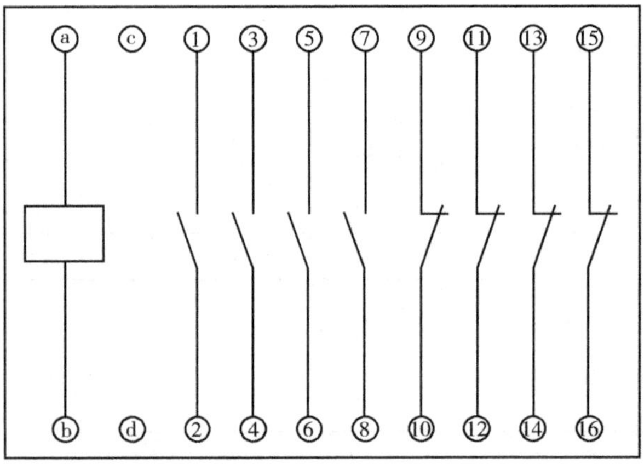

DZ-41</td><td>根据 DZ-41 型继电器内部结构图,写出对应的管脚号。
1. 线圈:
2. 常开:　　3. 常开:
4. 常开:　　5. 常开:
6. 常闭:　　7. 常闭:
8. 常闭:　　9. 常闭:</td></tr>
<tr><td colspan="2">直流继电器工作原理描述</td></tr>
<tr><td colspan="2"></td></tr>
</table>

2. 行程开关相关知识

参考相关资料,学习行程开关知识,并填写表 3-1-3,将表中内容补充完整。

表 3-1-3　行程开关认知表

图形	行程开关结构认知
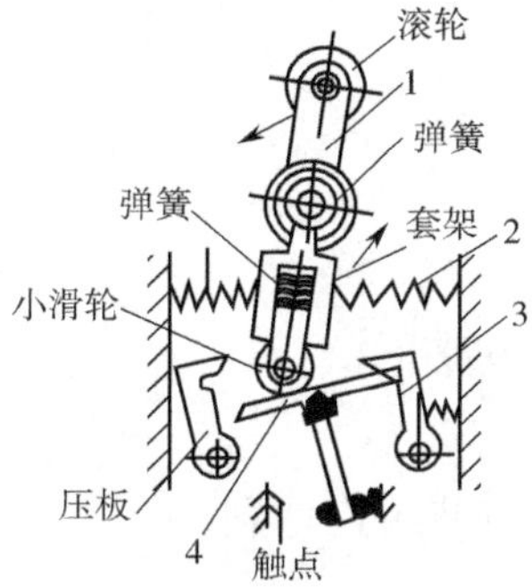	对照行程开关结构图，将部件名称和数字一一对应：压板——（　）、弹簧——（　）、上转臂——（　）、触点推杆——（　）。
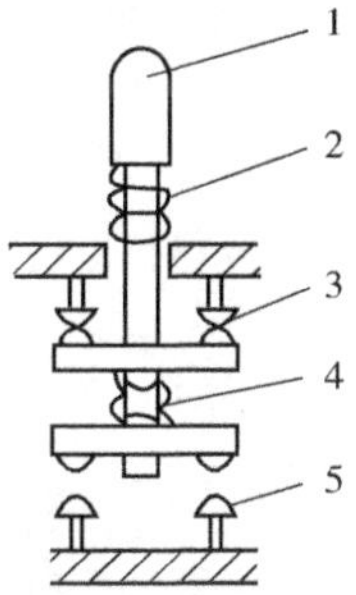	对照行程开关触点结构图，将部件名称和数字一一对应：常开触点——（　）、常闭触点——（　）、弹簧——（　）、触点弹簧——（　）、顶杆——（　）。
图形符号	含义
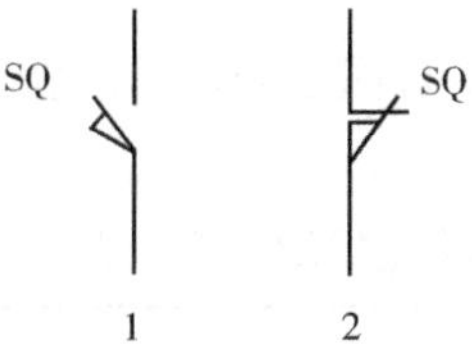	1—— 2——
型号	含义
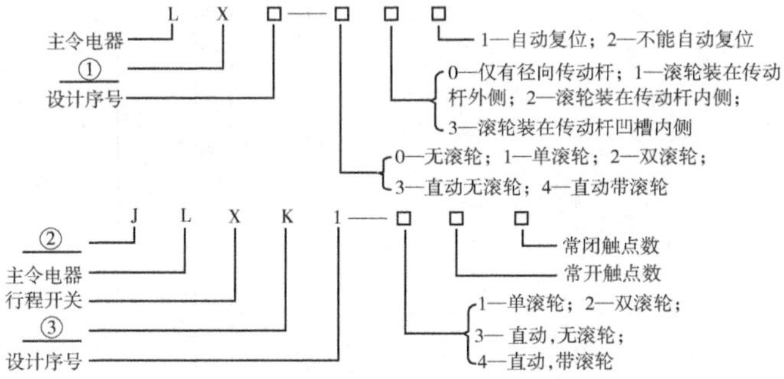	对应行程开关型号补全内容。 ①： ②： ③：

学习活动 2　制订工作计划

学习目标

1. 能根据任务要求测绘 JH-751 电梯运行辅助电路。
2. 明确电梯运行辅助电路的维修流程。
3. 能根据电梯运行辅助电路的维修流程，制订维修工作计划。
4. 能根据施工需要领取相关工具材料。

建议学时

6 学时。

学习过程

一、测绘 JH-751 运行辅助电路

电梯维修工从组长处领取表 3-2-1，根据 JH-751 电梯运行辅助电路电气原理图测量并绘制 JH-751 电梯运行辅助电路配线图。

表 3-2-1　JH-751 电梯运行辅助电路配线图

JH-751 电梯运行辅助电路配线图	备注

二、明确电梯运行辅助电路维修流程

熟悉电梯辅助运行电路故障树，根据表 3-2-2 中的电梯辅助运行电路的故障树分析图，编写工作流程及维修注意事项，并将计划及注意事项填入表内。

表 3-2-2　运行辅助电路维修计划表

1.JH-751 电梯运行辅助电路故障树分析图
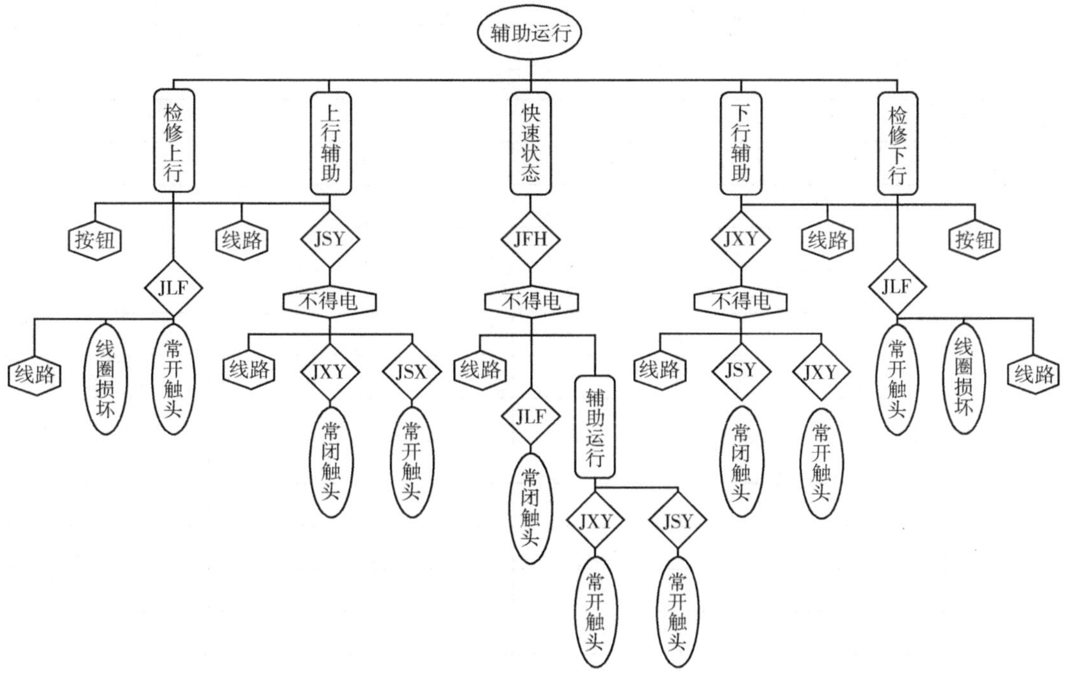 JH-751 运行辅助电路故障树分析图
2. 维修流程及维修方法
3. 检修注意事项

三、制订工作计划

根据电梯运行辅助电路的维修流程，制订工作计划，填写在表 3-2-3 中。

表 3-2-3　JH-751 电梯运行辅助电路维修工作计划表

1. 电梯型号	JH-751			
2. 运行辅助电路器件列表				
3. 所需的工具、设备、材料				
4. 人员分工				
序号	工作内容	负责人	计划完成时间	备注
1				
2				
3				
4				
5				
6				
7				
8				
9				
10				
11				
12				
13				
14				
15				
16				

制订完工作计划之后，需要对计划内容、维修流程进行可行性研究，要求对实施地点、准备工作、维修流程等细节进行探讨，保证后续维修工作安全、可靠地执行。

四、领取 JH-751 电梯运行辅助电路维修工具和耗材

领取相关工具和耗材，就工具和耗材的名称、数量、单位和规格进行核对，填写工具和材料领用表，见表 3-2-4，为工具和材料领取提供凭证。在教师指导下，了解相关工具的使用方法，检查工具是否能正常使用，耗材领取要适量，不宜过多或不够用。

表 3-2-4 工具和材料领用表

序号	名称	图示	单位	数量	规格	领用时间	领用人	归还时间	备注
1	万用表								
2	活扳手	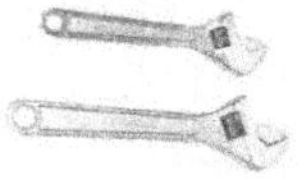							
3	导线								
4	卷尺								
5	电工工具								
6	DZ-51继电器								
7	DZ-41继电器								
8	限速开关								
9	胶布	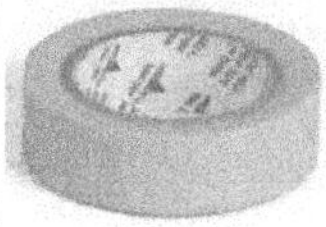							

续表

序号	名称	图示	单位	数量	规格	领用时间	领用人	归还时间	备注
10	针形端子	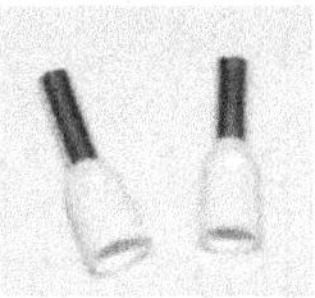							
11	M4×30 螺栓螺母								
12	护栏	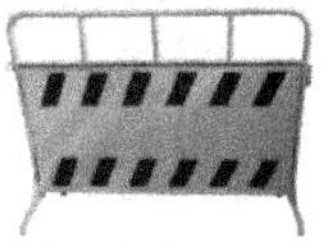							
注意事项	1. 领用人应保管好所领取的工具及材料，若有遗失，需照价赔偿。 2. 领用工具不得在实训场地以外使用，非允许不得外借他人使用。 3. 替换的耗料在工作完毕后应清点回收。 4. 避免耗料的浪费。								

学习活动 3　电梯运行辅助电路的维修及检查验收

学习目标

1. 查阅相关资料，学习电梯运行辅助电路的维修方法。
2. 能按操作流程和安全操作规程的要求，完成电梯运行辅助电路的维修。
3. 能对电梯运行辅助电路进行自查和验收。

建议学时

8 学时。

学习过程

一、学习电梯运行辅助电路维修相关知识

通过查阅相关资料，回答下列问题，同时学习电梯运行辅助电路的运行原理及维修方法。

1. 电路中 JFH 继电器的作用是什么?

2. JFH 继电器若不吸合此时电梯将处于什么运行状态?

3. 辅助运行电路的输出继电器 JSY 和 JXY 是否直接驱动曳引机工作?

4. 如图 3-3-1 所示,上行辅助 JSY 继电器和下行辅助 JXY 继电器采用什么方法,防止其同时得电?其原理是什么?

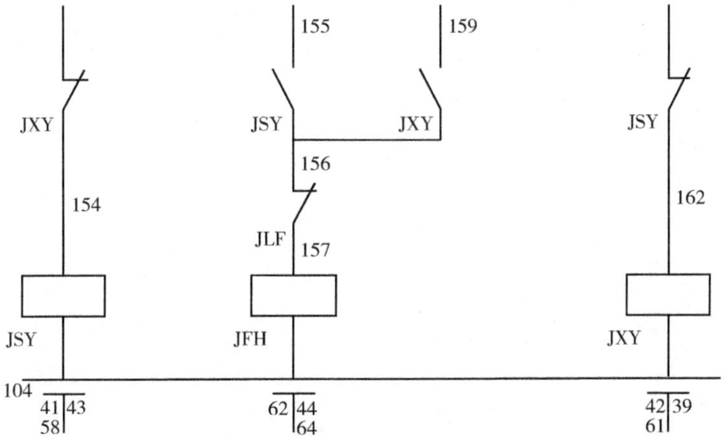

图 3-3-1　辅助运行继电器示意图

5.XSH 和 XXH 的作用是什么？其开关的种类应该是什么开关？其开关大致应安装在电梯的什么位置？

6.JLF 的作用是什么？

7. 电梯在检修运行时，在轿顶工作的维修人员和轿内的维修人员，同时控制电梯向不同方向运行时，电梯应响应哪一方的控制，为什么？

8. 如图 3-3-2 所示，电梯检修运行时，轿顶工作人员应具有最高级的优先权。根据对电路的分析，1AMX/1AMS 和 2AMX/2AMS 两套按钮哪一套应在轿顶？

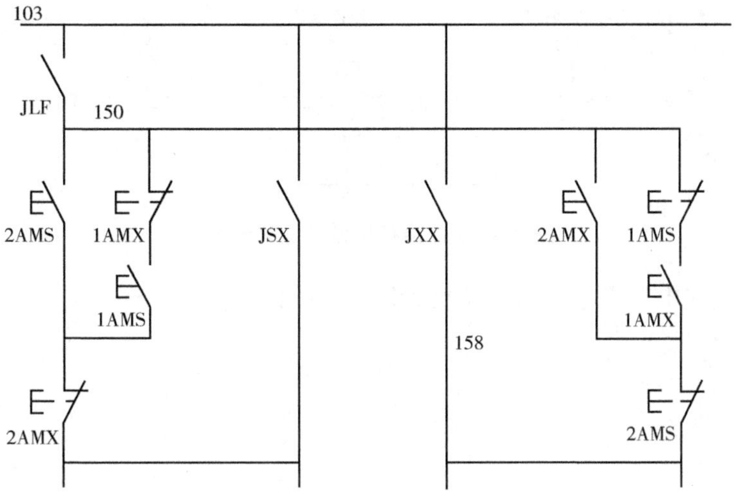

图 3-3-2　检修按钮示意图

9. 电梯检修开关一般应安装在电梯的哪些位置?

10. 电梯检修运行控制按钮一般应安装在电梯的哪些位置?

11. 电梯在检修运行期间,检修人员应双手操控电梯检修运行,如图 3-3-3 所示,请在电路上进行简单修改,使检修人员需双手操控电梯检修下行。

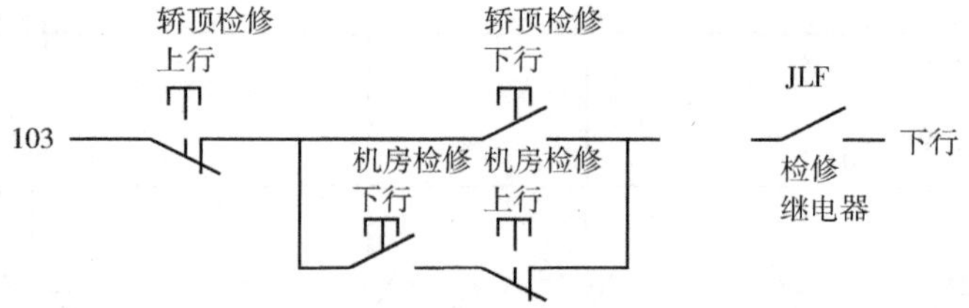

图 3-3-3　电梯检修按钮优化示意图

12. 检修速度和电梯慢速运行的速度相同吗，为什么？

13. 如图 3-3-4 所示，检修运行时电梯只能慢速运行，为什么？

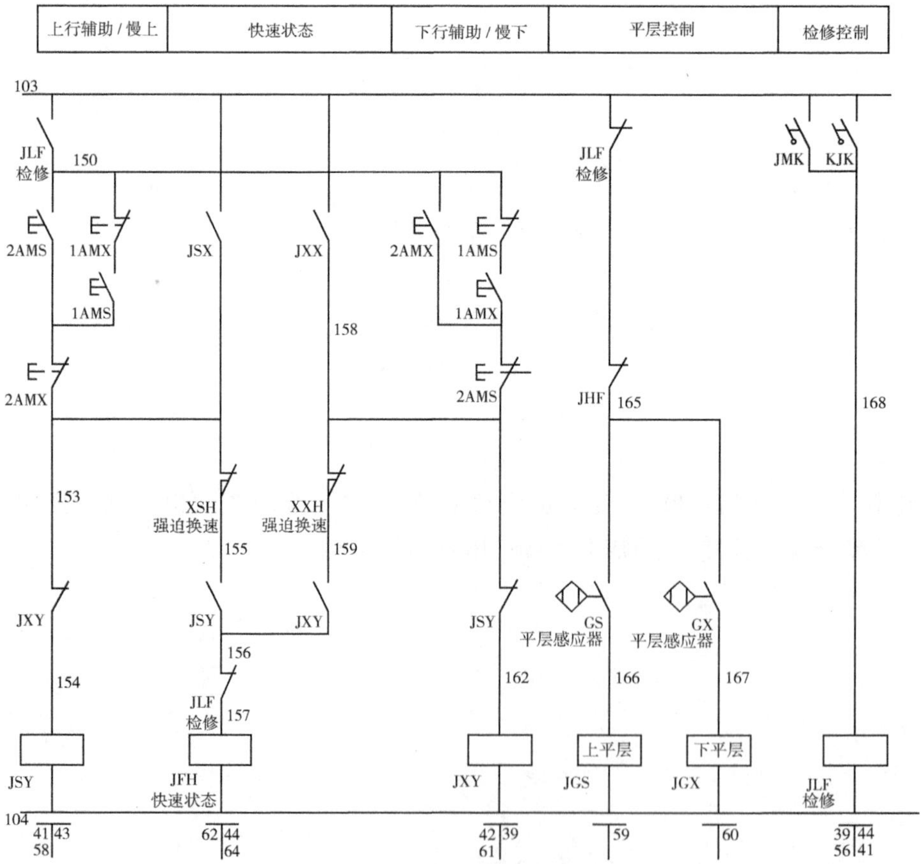

图 3-3-4　检修原理示意图

二、电梯运行辅助电路维修设备

按照电梯运行辅助电路的原理图和配线图,完成电梯运行辅助电路的维修,应注意维修的相关内容。维修完成后,由指导教师检查运行辅助电路运行的安全性和正确性后,方可通电测试运行辅助电路功能,并将维修过程记录在表 3-3-1 中。

表 3-3-1　JH-751 电梯运行辅助电路维修过程记录表

<table>
<tr><th>序号</th><th>现象</th><th>判断</th><th>检查项目</th><th>涉及器件</th><th>相关内容</th><th>完成情况</th></tr>
<tr><td rowspan="3">1</td><td rowspan="3">上行辅助不得电</td><td rowspan="3">JSY 不得电</td><td>输入端</td><td>JSX 常开触头</td><td>103、153 号线</td><td>□完成
□未完成</td></tr>
<tr><td>互锁部分</td><td>JXY 常闭触头</td><td>153、154 号线</td><td>□完成
□未完成</td></tr>
<tr><td>线圈</td><td>JSY 线圈</td><td>154、104 号线</td><td>□完成
□未完成</td></tr>
<tr><td rowspan="2">2</td><td rowspan="2">检修上行不工作</td><td rowspan="2">辅助电路运行正常</td><td>检修触头</td><td>JLF 常开触头</td><td>103、150 号线</td><td>□完成
□未完成</td></tr>
<tr><td>按钮部分</td><td>轿顶检修下行触点 / 机房检修下行触点</td><td>150、153 号线</td><td>□完成
□未完成</td></tr>
<tr><td rowspan="3">3</td><td rowspan="3">下行辅助不得电</td><td rowspan="3">JXY 不得电</td><td>输入端</td><td>JXX 常开触头</td><td>103、158 号线</td><td>□完成
□未完成</td></tr>
<tr><td>互锁部分</td><td>JSY 常闭触头</td><td>158、162 号线</td><td>□完成
□未完成</td></tr>
<tr><td>线圈</td><td>JXY 线圈</td><td>162、104 号线</td><td>□完成
□未完成</td></tr>
<tr><td rowspan="2">4</td><td rowspan="2">检修上行不工作</td><td rowspan="2">辅助电路运行正常</td><td>检修触头</td><td>JLF 常开触头</td><td>103、150 号线</td><td>□完成
□未完成</td></tr>
<tr><td>按钮部分</td><td>轿顶检修上行触点 / 机房检修上行触点</td><td>150、158 号线</td><td>□完成
□未完成</td></tr>
<tr><td rowspan="6">5</td><td rowspan="6">无快速运行状态</td><td rowspan="6">JFH 不得电</td><td rowspan="2">运行辅助常开触头</td><td>JSY 常开触头</td><td>155、156 号线</td><td>□完成
□未完成</td></tr>
<tr><td>JXY 常开触头</td><td>159、156 号线</td><td>□完成
□未完成</td></tr>
<tr><td rowspan="2">强迫减速开关</td><td>XSH 常闭触头</td><td>153、155 号线</td><td>□完成
□未完成</td></tr>
<tr><td>XXH 常闭触头</td><td>158、159 号线</td><td>□完成
□未完成</td></tr>
<tr><td>检修触点</td><td>JLF 常闭触头</td><td>156、157 号线</td><td>□完成
□未完成</td></tr>
<tr><td>继电器不工作</td><td>JFH 线圈</td><td>157、104 号线</td><td>□完成
□未完成</td></tr>
</table>

三、进行 JH-751 电梯运行辅助电路自检

根据 JH-751 电梯运行辅助电路的维修情况，以继电器是否正常工作和导线是否导通进行自检。将自检结果填入表 3-3-2，不可修复的问题注明后也填入备注栏。

表 3-3-2　JH-751 电梯运行辅助电路维修自检表

序号	JH-751 运行辅助电路		是 / 否	备注
1	运行辅助电路继电器功能正常	上行辅助继电器 JSY		
		下行辅助继电器 JXY		
		快速运行状态继电器 JFH		
		检修继电器 JLF		
2	运行辅助电路导线导通	103、153、154 号线		
		103、158、162 号线		
		153、155 号线		
		156、157 号线		
3	运行辅助电路继电器牢固	上行辅助继电器 JSY		
		下行辅助继电器 JXY		
		快速运行状态继电器 JFH		
		检修继电器 JLF		
4	运行辅助电路接线牢固	150 号线		
		153 号线		
		154 号线		
		155 号线		
		156 号线		
		157 号线		
		158 号线		
		159 号线		
		162 号线		

四、JH-751 电梯运行辅助电路维修验收

以小组为单位进行 JH-751 电梯运行辅助电路的验收工作。填写表 3-3-3，只填写运行辅助电路运行过程的验收结果。根据验收结果在验收结果栏的合格项或不合格项填写“√”，本次验收不再进行改变。验收人为项目负责人。

表 3-3-3　JH-751 电梯运行辅助电路维修验收记录表

工程名称		JH-751 电梯运行辅助电路验收	项目：　　年　　月　　日		
检验项目				检验结果	
				合格	不合格
上行辅助	上行	步骤一	JSX 常开闭合		
		步骤二	JSY 线圈得电吸合		
		步骤三	JSY 常开(155、156 号线)闭合		
		步骤四	JFH 得电吸合		
	检修上行	步骤五	JLF 线圈得电吸合		
		步骤六	2AMS 闭合		
		步骤七	JSY 得电吸合		
		步骤八	JFH 不得电		
下行	下行	步骤九	JXX 常开闭合		
		步骤十	JXY 线圈得电吸合		
		步骤十一	JXY 常开(159、156 号线)闭合		
		步骤十二	JFH 得电吸合		
	检修上行	步骤十三	JLF 线圈得电吸合		
		步骤十四	2AMX 闭合		
		步骤十五	JXY 得电吸合		
		步骤十六	JFH 不得电		

学习活动 4　工作总结与评价

学习目标

1. 能按分组情况，派代表展示工作成果，说明本次任务的完成情况，并做分析总结。
2. 能结合任务完成情况，正确规范地撰写工作总结。
3. 能就本次任务中出现的问题提出改进措施。
4. 能对学习与工作进行反思总结，并能与他人开展良好合作，进行有效沟通。

建议学时

2 学时。

学习过程

一、个人、小组评价

以小组为单位，选择演示文稿、展板、海报、视频等形式中的一种或几种，向全班展示、汇报维修成果。在展示的过程中，以小组为单位进行评价；评价完成后，根据其他小组成员对本组展示成果的评价意见进行归纳总结。

汇报维修思路：

其他小组成员的评价意见：

二、教师评价

认真听取教师对本小组展示成果优缺点以及在完成任务过程中出现的亮点和不足的评价意见，并做好记录。

1. 教师对本小组展示成果优点的点评。

2. 教师对本小组展示成果缺点及改进方法的点评。

3. 教师对本小组在整个任务完成过程中出现的亮点和不足的点评。

三、工作过程回顾及总结

1. 在团队学习过程中，项目负责人给你分配了哪些工作任务？你是如何完成的？还有哪些需要改进的地方?

2. 总结完成 JH-751 电梯运行辅助电路维修任务过程中遇到的问题和困难,列举 2~3 点你认为比较值得和其他同学分享的工作经验。

3. 回顾本学习任务的工作过程,对新学专业知识和技能进行归纳和整理,撰写工作总结。

评价与分析

按照客观、公正和公平原则，在教师的指导下按自我评价、小组评价和教师评价三种方式对自己或他人在本学习任务中的表现进行综合评价。综合等级按 A(90~100 分)、B(75~89 分)、C(60~74 分)、D(0~59 分)，四个级别进行填写，填写在表 3-4-1 中。

表 3-4-1　学习任务综合评价表

考核项目	评价内容	配分(分)	评价分数		
			自我评价	小组评价	教师评价
职业素养	劳动保护用品穿戴完备，仪容仪表符合工作要求	5			
	安全意识、责任意识强	6			
	积极参加教学活动，按时完成各项学习任务	6			
	团队合作意识强，善于与人交流和沟通	6			
	自觉遵守劳动纪律，尊敬师长，团结同学	6			
	爱护公物，节约材料，管理现场符合 6S 标准	6			
专业能力	专业知识扎实，有较强的自学能力	10			
	操作积极，训练刻苦，具有一定的动手能力	15			
	技能操作规范，遵循安全规程，工作效率高	10			
工作成果	JH-751 电梯运行辅助电路原理清晰，维修时能按照标准流程进行	20			
	工作总结符合要求	10			
总　分		100			
总评	自我评价 × 20%+ 小组评价 × 20%+ 教师评价 × 60%=	综合等级	教师(签名)：		

学习任务四　典型继电式（JH-751）电梯运行电路维修

【学习目标】

1. 能通过阅读电梯维修任务单，明确工作任务。

2. 能查阅相关资料，学习继电式电梯（JH-751）电梯运行电路基本知识。

3. 能根据任务要求观察电梯运行电路现象，填写电梯运行电路故障现象登记表。

4. 能明确电梯运行电路的工作流程。

5. 能与项目组长进行专业沟通，根据电梯运行电路维修任务单和故障树分析图以及实际情况，制订维修计划。

6. 能根据电梯运行电路维修的相关内容，确定所需工具和材料。

7. 能查阅相关资料，学习电梯运行电路的维修方法。

8. 能按工艺要求和安全操作规程要求，完成电梯运行电路的维修。

9. 能进行电梯运行电路维修后的检查工作。

10. 能对电梯运行电路的维修过程进行总结与评价。

【建议学时】

30 学时。

【工作情境描述】

学院某办公楼需维修一部四层四站的继电时电梯，该电梯曳引机为双速电动机，采用变极调速。受学院委托，电梯工程技术专业学生承接电梯运行电路维修任务。要求参照“故障树”分析方法，在 2 天之内完成对电梯运行电路的维修，完成后交付验收。

【工作流程与活动】

电梯运行电路维修

学习活动 1　明确工作任务（4 学时）

学习活动 2　制订工作计划（6 学时）

学习活动 3　电梯运行电路的维修及检查验收（18 学时）
学习活动 4　工作总结与评价（2 学时）

学习活动 1　明确工作任务

学习目标

1. 能通过阅读电梯运行电路维修任务单，明确工作任务。
2. 能查阅相关资料，学习电梯运行电路的基本知识。

建议学时

4 学时。

学习过程

一、接受任务单，明确工作任务

电梯维修作业人员从项目组组长处领取电梯运行电路维修工作任务单，见表 4-1-1，明确维修项目、时间、地点等内容。

表 4-1-1　电梯运行电路维修工作任务单

电梯编号	故障位置	开始时间	结束时间	共计
1 号楼 1 号梯	电梯运行电路			2 个工作日
故障原因及内容：				
维修过程及安全措施： 维修人：				
检定结论（含技术参数功能）： 检验人：　日期：				
电梯运行电路电气原理图				

续表

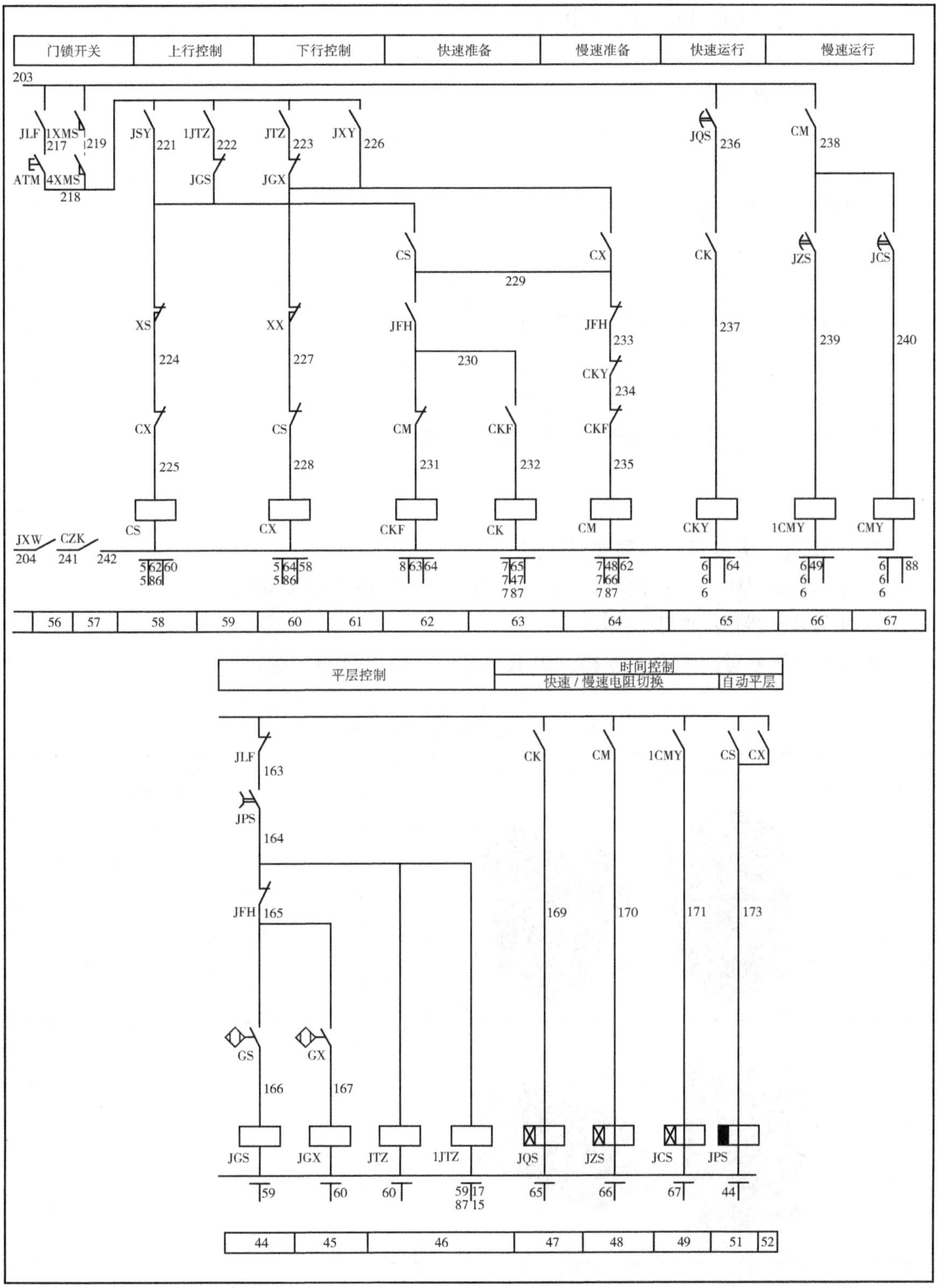
门锁开关
上行控制
下行控制
快速准备
慢速准备
快速运行
慢速运行
203
JLF
1XMS
217
219
ATM
4XMS
218
JSY
221
1JTZ
222
JGS
JTZ
223
JGX
JXY
226
JQS
236
CM
238
CS
CX
229
CK
JZS
JCS
XS
XX
JFH
230
233
CKY
234
224
227
237
239
240
CX
CS
CM
CKF
231
232
235
225
228
CS
CX
CKF
CK
CM
CKY
1CMY
CMY
JXW
CZK
204
241
242
56
57
58
59
60
61
62
63
64
65
66
67
平层控制
时间控制
快速/慢速电阻切换
自动平层
JLF
163
JPS
164
JFH
165
CK
CM
1CMY
CS
CX
169
170
171
173
GS
GX
166
167
JGS
JGX
JTZ
1JTZ
JQS
JZS
JCS
JPS
44
45
46
47
48
49
51
52

通过阅读维修任务单,回答以下问题:

1. 该项工作的施工地点在什么地方?

2. 该项工作要求用多长时间?

3. 该项工作具体内容是什么?

4. 掌握电梯运行电路原理需要哪些专业知识?

5. 电梯运行电路中 JPS 的图形符号表示什么器件?

二、电梯运行电路维修相关知识认知

查阅电梯原理相关资料,学习时间继电器和交流接触器相关知识。

1. 时间继电器相关知识认知

查阅资料学习时间继电器的相关知识,并将表 4-1-2 补充完整。

表 4-1-2　交流接触器认知表

时间继电器类型图例	名称

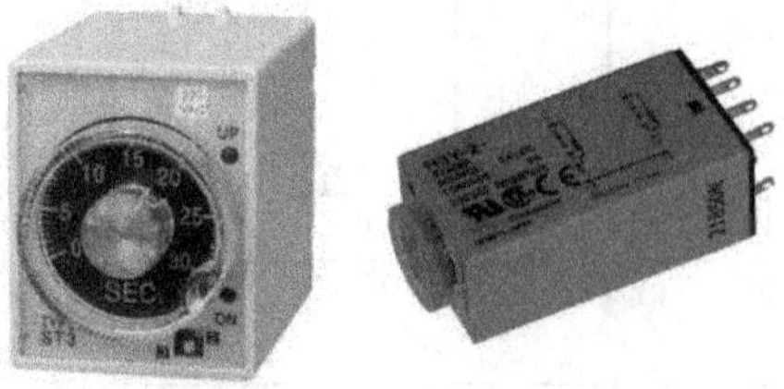	

续表

<table>
<tr><td> </td><td></td></tr>
<tr><td>时间继电器结构示意图</td><td>时间继电器各零部件名称</td></tr>
<tr><td>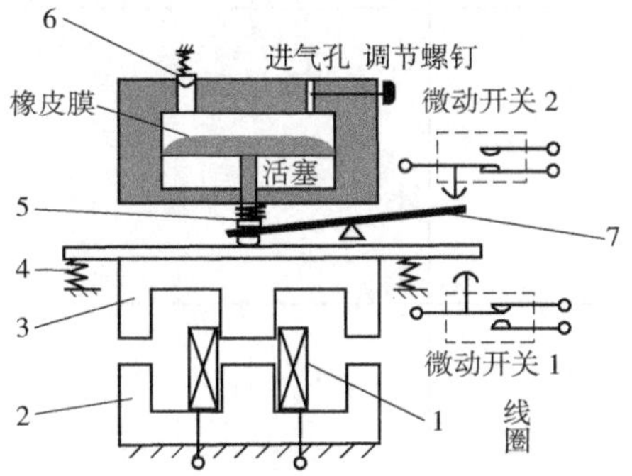

通电延时时间继电器</td><td>1——
2——
3——
4——
5——
6——
7——</td></tr>
<tr><td>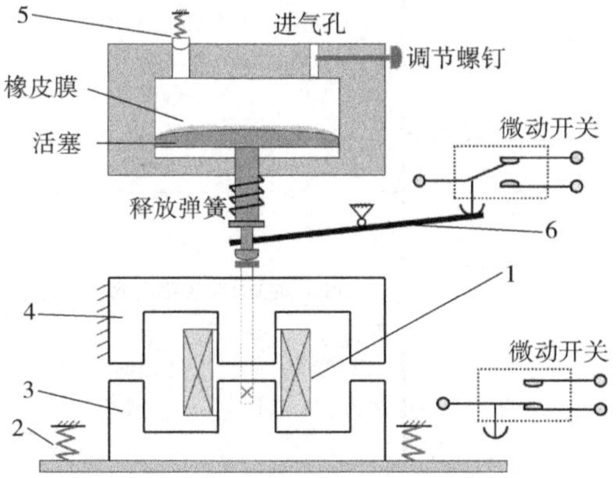

断电延时时间继电器</td><td>1——
2——
3——
4——
5——
6——</td></tr>
<tr><td>电气符号</td><td>含义</td></tr>
<tr><td>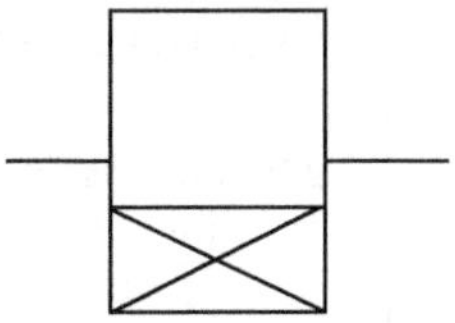</td><td></td></tr>
</table>

续表

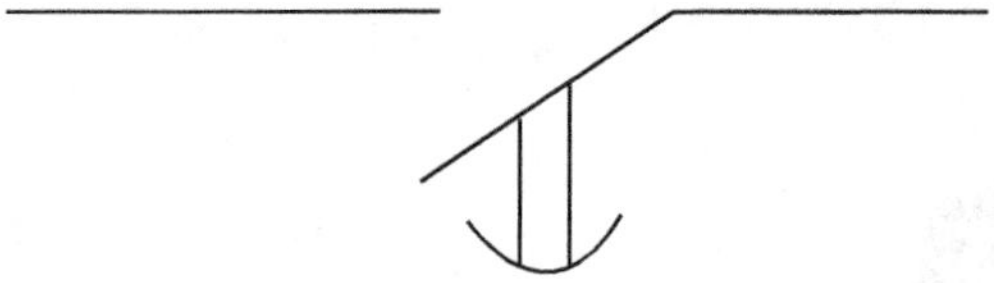	
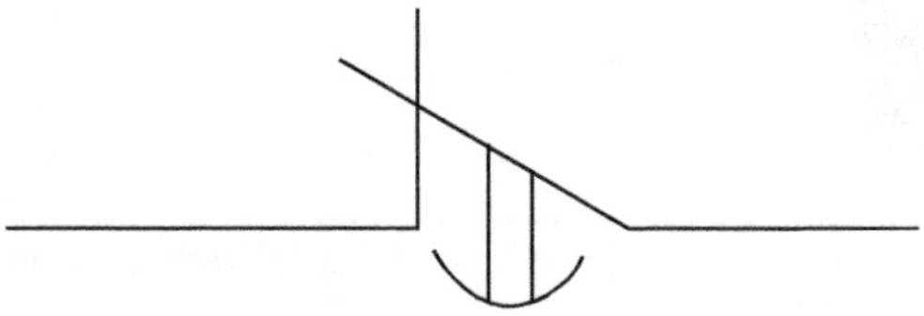	
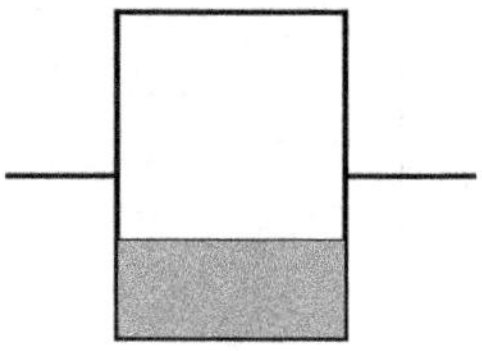	
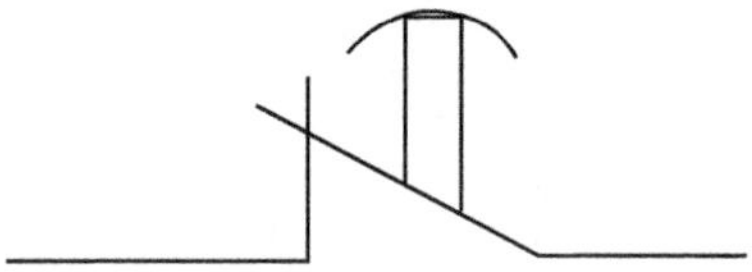	
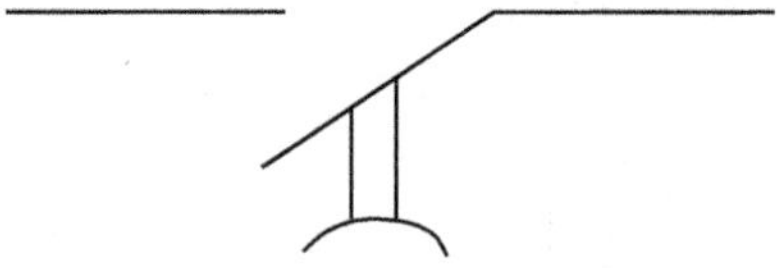	
JS14 A（JS20）通电延时时间继电器底座示意图	说明
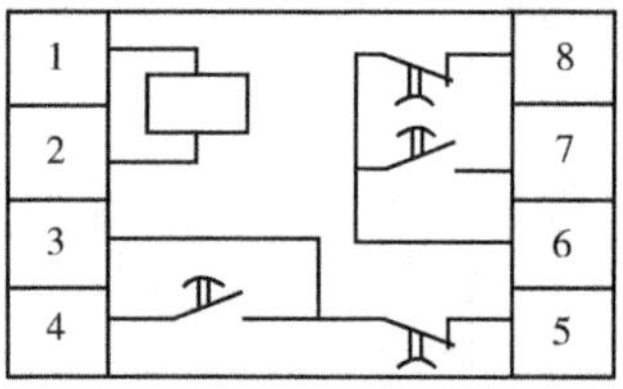 JS20	1.JS20 时间继电器电源引出点是 _______ 和 _______。 2.JS20 时间继电器延时闭合瞬时打开常开触头引出点是 _______ 和 _______。
JS14 A-D（JS20-D）断电延时时间继电器底座示意图	说明
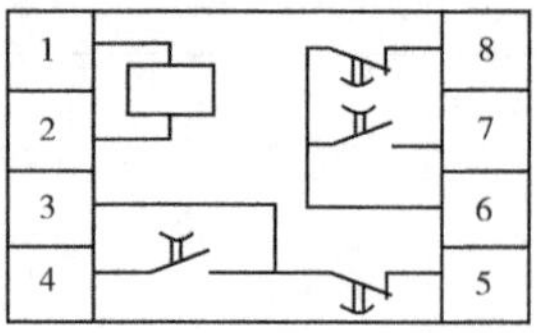 JS20-D	1.JS20-D 时间继电器电源引出点是 _______ 和 _______。 2.JS20-D 时间继电器瞬时闭合延时打开常开触头引出点是 _______ 和 _______。

2. 交流接触器相关知识认知

查阅资料,学习交流接触器的相关知识,并将表 4-1-3 补充完整。

表 4-1-3　交流接触器认知表

<table>
<tr><td>接触器结构原理示意图</td><td>说明</td></tr>
<tr><td>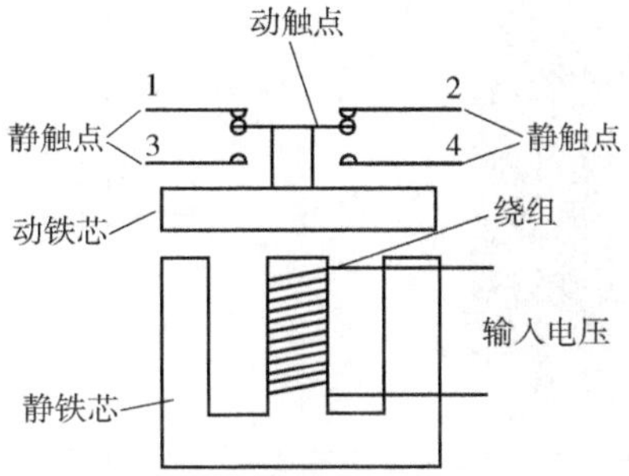
</td><td>输入电压通入额定电压时,动铁芯带动动触点将向 _______ 移动,此时常闭触头 1、2 将 _______,常开触头 3、4 将 _______。</td></tr>
<tr><td>接触器型号</td><td>含义</td></tr>
<tr><td>CJX2-1810</td><td>1.CJ:
2.18:
3.10:</td></tr>
<tr><td>交流接触器符号示意图</td><td>含义</td></tr>
<tr><td>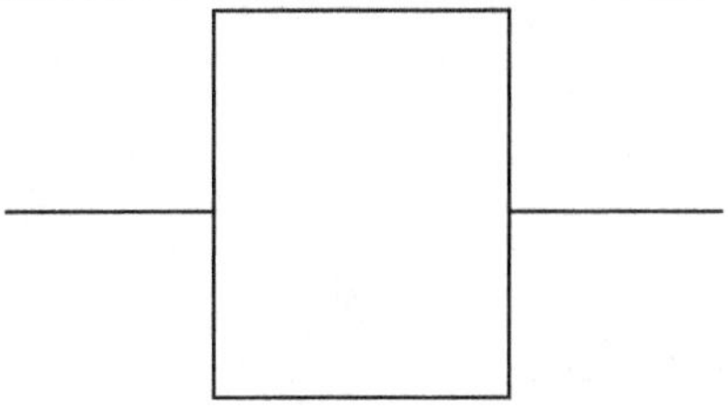</td><td></td></tr>
<tr><td>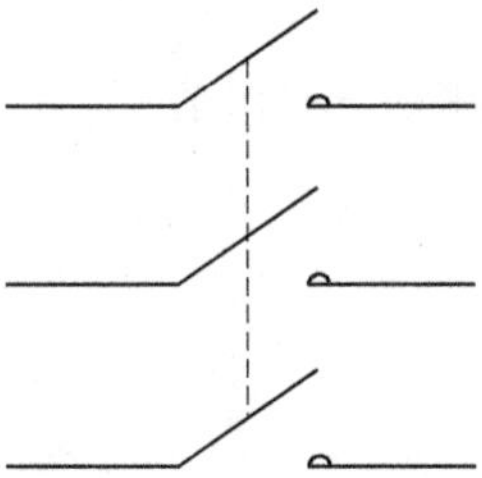</td><td></td></tr>
<tr><td></td><td></td></tr>
<tr><td></td><td></td></tr>
</table>

续表

交流接触器辅助触头示意图	含义
	61NC 中 NC 表示触头_______，54NO 中 NO 表示触头_______。

学习活动 2　制订工作计划

学习目标

1. 能根据任务要求测绘 JH-751 电梯运行电路。
2. 明确电梯运行电路的维修流程。
3. 能根据电梯运行电路的维修流程，制订维修工作计划。
4. 能根据施工需要领取相关工具材料。

建议学时

6 学时。

学习过程

一、测绘 JH-751 电梯运行电路

电梯维修工从组长处领取表 4-2-1，根据 JH-751 电梯运行电路电气原理图测量并绘制 JH-751 电梯运行电路配线图。

表 4-2-1　JH-751 电梯运行电路配线图

JH-751 电梯运行电路配线图	备注
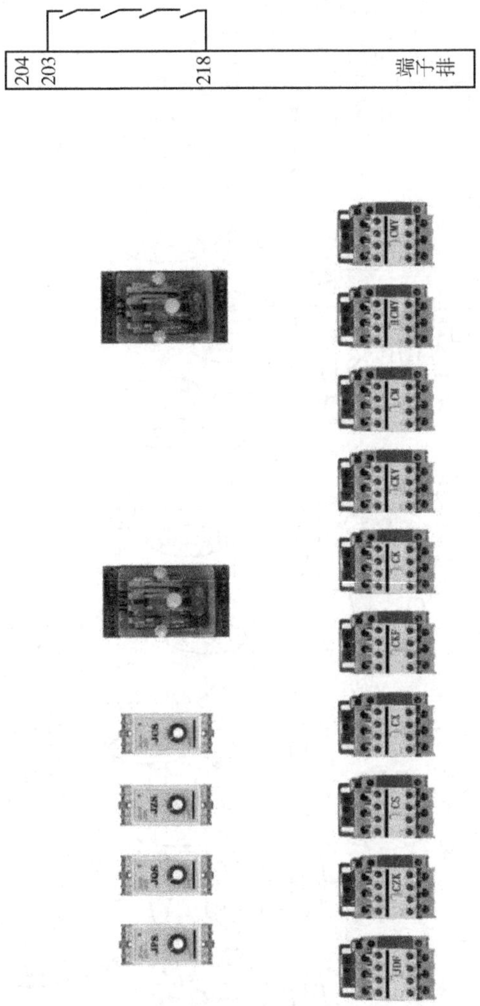	

二、明确电梯运行电路维修流程

熟悉电梯运行电路故障树，根据表 4-2-2 中，电梯运行电路的故障树分析图，编写工作流程及维修注意事项，并将计划及注意事项填入表内。

表 4-2-2　电梯运行电路维修计划表

1.JH-751 电梯电路故障树分析图

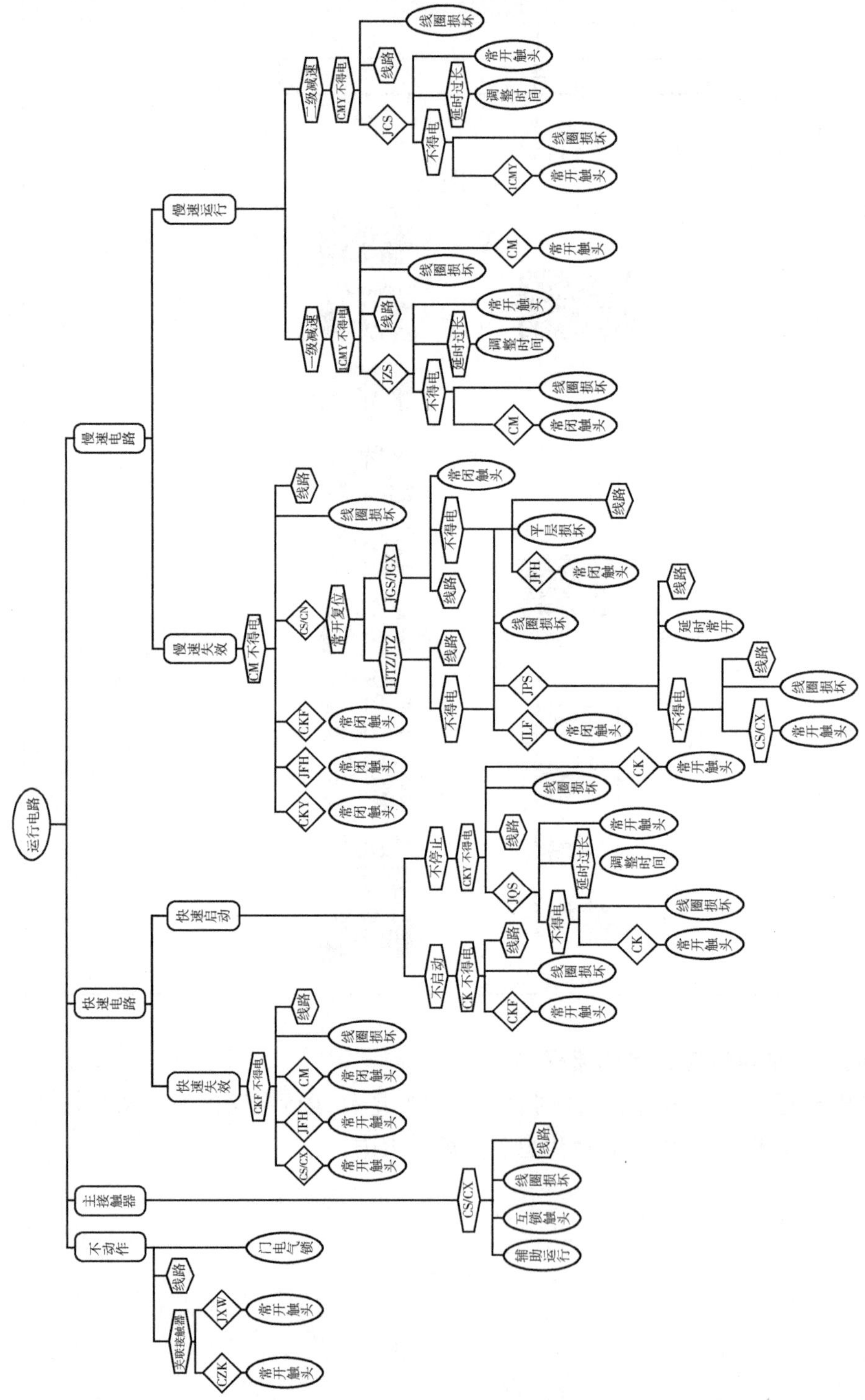

JH-751 电梯运行电路故障树分析图

续表

2. 维修流程及维修方法
3. 检修注意事项

三、制订工作计划

根据电梯运行电路的维修流程，制订工作计划，填写在表 4-2-3 中。

表 4-2-3　JH-751 电梯运行电路维修工作计划表

1. 电梯型号	JH-751			
2. 电梯运行电路器件列表				
3. 所需的工具、设备、材料				
4. 人员分工				
序号	工作内容	负责人	计划完成时间	备注
1				
2				
3				
4				
5				
6				
7				
8				
9				
10				
11				
12				
13				
14				
15				
16				

制订完工作计划之后，需要对计划内容、维修流程进行可行性研究，要求对实施地点、准备工作、维修流程等细节进行探讨，保证后续维修工作安全、可靠地执行。

四、领取 JH-751 电梯运行电路维修工具和耗材

领取相关工具和耗材，就工具和耗材的名称、数量、单位和规格进行核对，填写工具和材料领用表，见表 4-2-4，为工具和材料领取提供凭证。在教师指导下，了解相关工具的使用方法，检查工具是否能正常使用，耗材领取要适量，不宜过多或不够用。

表 4-2-4　工具和材料领用表

序号	名称	图示	单位	数量	规格	领用时间	领用人	归还时间	备注
1	万用表								
2	活扳手	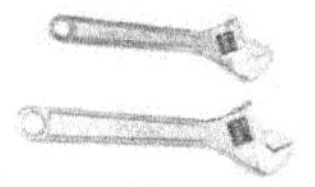							
3	导线								
4	卷尺								
5	电工工具								
6	接触器	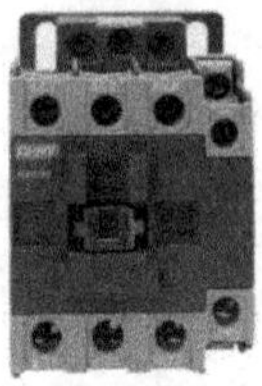							

续表

序号	名称	图示	单位	数量	规格	领用时间	领用人	归还时间	备注
7	时间继电器JS20								
8	时间继电器JS20-D	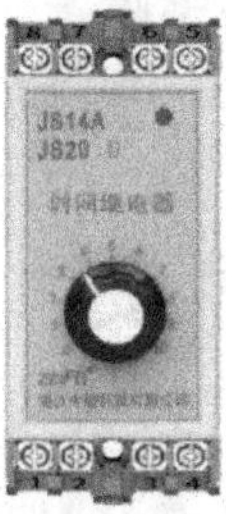							
9	继电器DZ-41								
10	针形端子								
11	M4 × 30螺栓螺母								
12	护栏	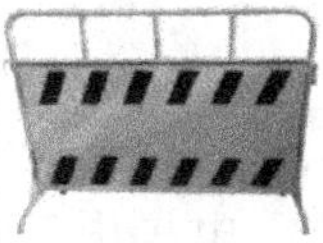							
注意事项		1. 领用人应保管好所领取的工具及材料,若有遗失,需照价赔偿。 2. 领用工具不得在实训场地以外使用,非允许不得外借他人使用。 3. 替换的耗料在工作完毕后应清点回收。 4. 避免耗料的浪费。							

学习活动3　电梯运行电路的维修及检查验收

学习目标

1. 查阅相关资料，学习电梯运行电路的维修方法。
2. 能按操作流程和安全操作规程的要求，完成电梯运行电路的维修。
3. 能对电梯运行电路进行自查和验收。

建议学时

18学时。

学习过程

一、学习电梯运行电路维修相关知识

通过查阅相关资料，学习电梯运行电路的运行原理及维修方法，并回答下列问题。

1. 电梯在正常运行时其运行速度是如何变化的？

2. 电梯运行时电梯井道是否需要完全封闭？如果需要完全封闭，那么电梯运行前如何确定井道已完全封闭？

3.JH-751电梯的上行接触器和下行接触器线圈分别在JH-751电梯电气原理图的第几区？其辅助常开和常闭触点分别在第几区？

4. 要使 JH-751 电梯上行接触器得电上行辅助继电器 JSY 应接通哪两根导线?

5. JH-751 电梯运行电路中快速运行电路起始于哪个继电器的什么触点?

6. JH-751 电梯运行电路中同时和快速、慢速、上行、下行相关的线是几号线?

7. 如图 4-3-1 所示,在 JH-751 电梯运行电路中为什么是 CKF 得电后 CK 才能得电?

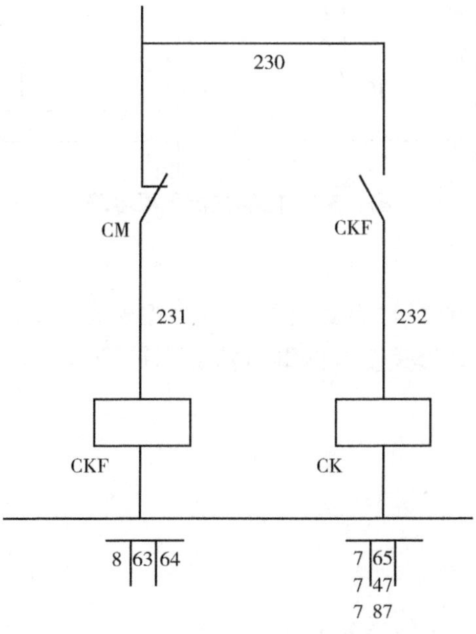

图 4-3-1　电梯准备运行状态元件示意图

8.JH-751 电梯运行电路中负责电梯快速启动计时的继电器是什么继电器？其文字符号是什么？在哪个区？

9.JH-751 电梯运行电路中确定电梯快速全压运行的接触器文字符号是什么？在哪个区？

10. 如图 4-3-2 所示，JH-751 电梯运行电路中当电梯转为慢速运行时，辅助运行触头将复位打开。此时维持运行接触器得电的元件是什么？

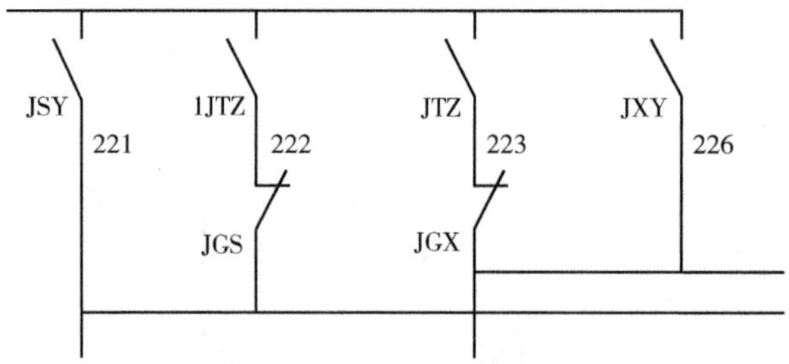

图 4-3-2　电梯主控平层电路

11. 电梯运行到接近目的层时会变快度运行为慢速运行，以便于平稳“停车”。JH-751 电梯运行电路中，负责快速和慢速变换的继电器文字符号是什么？

12. 电动机制动的方式一般有三种分别是:反接制动、能耗制动、再生发电制动。双速电机在换速时将产生再生发电制动的效果,说明再生发电制动的原理?

13.JH-751 电梯运行电路中 RZD 为制动限流电阻,该电阻的作用是什么?

14.JH-751 电梯运行电路中 1CMY 为制动电阻切除接触器,该接触器的作用是什么?

15.JH-751 电梯运行电路中 CMY 为电梯慢速运行接触器,该接触器的作用是什么?

16. 判断接触器损坏包括哪两个部分内容? 应该如何判断?

17. 如何在断电情况下测量接触器主触头是否损坏?

18. 如何根据接触器的非正常状态判断接触器是本身损坏还是控制电路问题?

19. 结合图 4-3-3 中平层感应器的位置,分析 JH-751 电梯在平层过程中 JGX 和 JGS 的动作顺序。

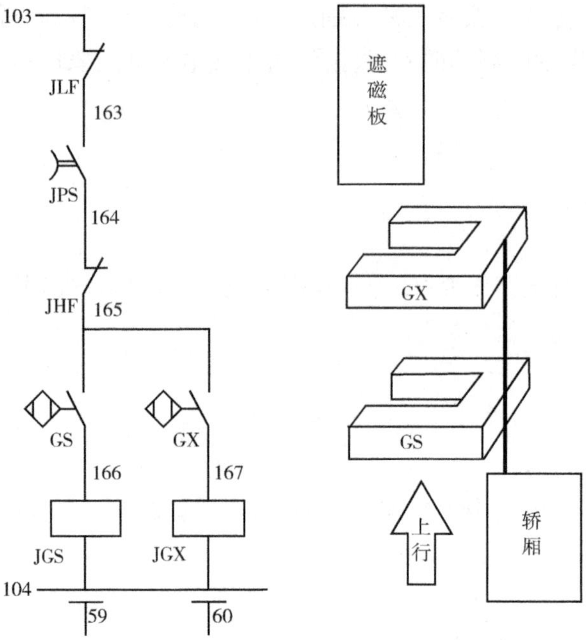

图 4-3-3　电梯平层示意图

20. 如图 4-3-4 所示，JH-751 电梯运行电路中 JPS 时间继电器在什么时候被接通？其复位时间如何确定？其作用是什么？

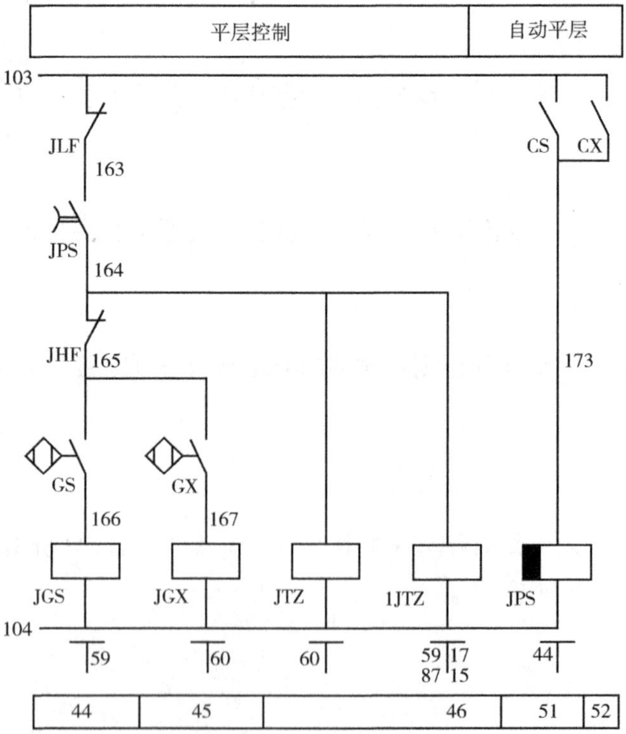

图 4-3-4　JH-751 平层电路示意图

21.JH-751 电梯运行电路中，若电梯平层时超过平层位置，电梯是否能自动调整平层位置？

22. 如图 4-3-5 所示，电梯在检修运行时，层门电气锁是否还起作用？

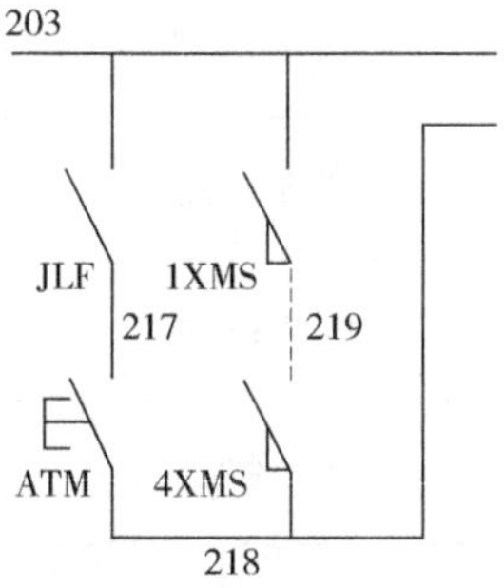

图 4-3-5　门锁开关示意图

二、电梯运行电路维修设备

按照电梯运行电路的原理图和配线图，完成电梯运行电路的维修，应注意维修的相关内容。维修完成后，由指导教师检查电梯运行电路运行的安全性和正确性后，方可通电测试电梯运行电路功能，并将维修过程记录在表 4-3-1 中。

表 4-3-1　JH-751 电梯运行电路维修过程记录表

序号	现象	判断	检查项目	涉及器件	相关内容	完成情况
1	运行电路不动作	CZK 吸合	安全回路输出	CZK 和 JXW 的辅助常开触头	204、241、242 号线	□完成 □未完成
		层门电气锁	门锁开关	(1~4)XMS	203、219、218 号线	□完成 □未完成

续表

序号	现象	判断	检查项目	涉及器件	相关内容	完成情况
2	运行电路上行故障	机械故障	限速开关	XS 常闭触头	221、224 号线	□完成 □未完成
		电气故障	CS 得电回路	JSY 常开触头	203、218、221 号线	□完成 □未完成
				CX 常闭触头	224、225 号线	□完成 □未完成
				CS 线圈	225、242 号线	□完成 □未完成
3	运行电路下行故障	机械故障	限速开关	XX 常闭触头	226、227 号线	□完成 □未完成
		电气故障	CX 得电回路	JXY 常开触头	203、218、226 号线	□完成 □未完成
				CS 常闭触头	227、228 号线	□完成 □未完成
				CX 线圈	228、242 号线	□完成 □未完成
4	快速运行故障	快速电路无法启动	JFH	CS/CX 常开触头	226、221、229 号线	□完成 □未完成
				JFH 常开触头	229、230 号线	□完成 □未完成
		无法快速准备	CKF	CM 常闭触头	230、231 号线	□完成 □未完成
				CKF 线圈	231、242 号线	□完成 □未完成
		无法启动电机	CK	CKF 常开触头	230、232 号线	□完成 □未完成
				CK 线圈	232、242 号线	□完成 □未完成
		快速无法正常运行	CKY	CK 常开触头	103、169 号线	□完成 □未完成
				JQS 线圈	169、104 号线	□完成 □未完成
				JQS 延时闭合常开触头	203、236 号线	□完成 □未完成
				CK 常开触头	236、237 号线	□完成 □未完成
				CKY 线圈	237、242 号线	□完成 □未完成

续表

<table>
<tr><th>序号</th><th>现象</th><th>判断</th><th>检查项目</th><th colspan="2">涉及器件</th><th>相关内容</th><th>完成情况</th></tr>
<tr><td rowspan="17">5</td><td rowspan="17">慢速运行故障</td><td rowspan="12">慢速电路无法启动</td><td rowspan="7">JTZ 和 1JTZ</td><td rowspan="2">JPS 未得电</td><td>CS/CX 常开触头</td><td>103、173 号线</td><td>□完成
□未完成</td></tr>
<tr><td>JPS 线圈</td><td>173、104 号线</td><td>□完成
□未完成</td></tr>
<tr><td colspan="2">JLF 常闭触头</td><td>103、163 号线</td><td>□完成
□未完成</td></tr>
<tr><td colspan="2">JPS 瞬时闭合延时打开常开触头</td><td>163、164 号线</td><td>□完成
□未完成</td></tr>
<tr><td colspan="2">JTZ 和 1JTZ 线圈</td><td>164、104 号线</td><td>□完成
□未完成</td></tr>
<tr><td colspan="2">JTZ 常开触头</td><td>218、223 号线</td><td>□完成
□未完成</td></tr>
<tr><td colspan="2">1JTZ 常开触头</td><td>218、222 号线</td><td>□完成
□未完成</td></tr>
<tr><td>JPS</td><td colspan="2">延时时间过长</td><td>调整至(1~3)s</td><td>□完成
□未完成</td></tr>
<tr><td>JFH</td><td colspan="2">JFH 常闭触头</td><td>229、233 号线</td><td>□完成
□未完成</td></tr>
<tr><td rowspan="3">CM</td><td colspan="2">CKY 常闭触头</td><td>233、234 号线</td><td>□完成
□未完成</td></tr>
<tr><td colspan="2">CKF 常闭触头</td><td>234、235 号线</td><td>□完成
□未完成</td></tr>
<tr><td colspan="2">CM 线圈</td><td>235、242 号线</td><td>□完成
□未完成</td></tr>
<tr><td rowspan="5">无法完成限流减速</td><td rowspan="5">1CMY</td><td colspan="2">CM 常开触头</td><td>103、170 号线</td><td>□完成
□未完成</td></tr>
<tr><td colspan="2">JZS 线圈</td><td>170、104 号线</td><td>□完成
□未完成</td></tr>
<tr><td colspan="2">CM 常开触头</td><td>203、238 号线</td><td>□完成
□未完成</td></tr>
<tr><td colspan="2">JZS 延时闭合常开触头</td><td>238、239 号线</td><td>□完成
□未完成</td></tr>
<tr><td colspan="2">1CMY 线圈</td><td>239、242 号线</td><td>□完成
□未完成</td></tr>
</table>

续表

序号	现象	判断	检查项目	涉及器件	相关内容	完成情况
5	慢速运行故障	无法慢速运行	CMY	1CMY 常开触头	103、171 号线	□完成 □未完成
				JCS 线圈	171、104 号线	□完成 □未完成
				JCS 延时闭合常开触头	238、240 号线	□完成 □未完成
				CMY 线圈	240、242 号线	□完成 □未完成
6	平层故障	到站不平层或到站后反向运行	JGS	JGS 常闭触头	222、221 号线	□完成 □未完成
				JLF 常闭触头	103、163 号线	□完成 □未完成
				JPS 瞬时闭合延时打开常开触头	163、164 号线	□完成 □未完成
				JFH 常闭触头	164、165 号线	□完成 □未完成
				GS 常开触头	165、166 号线	□完成 □未完成
				JGS 线圈	166、104 号线	□完成 □未完成
			JGX	JLF 常闭触头	103、163 号线	□完成 □未完成
				JPS 瞬时闭合延时打开常开触头	163、164 号线	□完成 □未完成
				JFH 常闭触头	164、165 号线	□完成 □未完成
				GS 常开触头	165、166 号线	□完成 □未完成
				JGX 线圈	166、104 号线	□完成 □未完成
				JGX 常闭触头	223、226 号线	□完成 □未完成

三、进行 JH-751 电梯运行电路自检

根据 JH-751 电梯运行电路的维修情况，以接触器是否正常工作和导线是否导通进行自检，将自检结果填入表 4-3-2。不可修复的问题注明后也填入备注栏。

表 4-3-2　JH-751 电梯运行电路维修自检表

序号	JH-751 电梯运行电路		是 / 否	备注
1	电梯运行电路接触器功能正常	层门电气锁(1~4)XMS		
		上行方向工作接触器 CS		
		下行方向工作接触器 CX		
		快速状态接触器 CKF		
		快速状态准备接触器 CK		
		通电延时继电器 JQS		
		快速运行接触器 CKY		
		断电延时继电器 JPS		
		运行继电器 JTZ 和 1JTZ		
		慢速状态接触器 CM		
		通电延时继电器 JZS		
		制动电阻切除接触器 1CMY		
		通电延时继电器 JCS		
		慢速运行接触器 CMY		
		上行平层继电器 JGS		
		下行平层继电器 JGX		
2	电梯运行电路导线导通	218 号线		
		221、226 号线		
		164、165 号线		
		221、222 号线		
		223、226 号线		
		224、225 号线		
		227、228 号线		
		229 号线		
		230、231、232 号线		
		233、234、235 号线		
		169、170、171、173 号线		
		236、237 号线		
		238、239、240 号线		
		203 号线		
		242 号线		

续表

序号	JH-751 电梯运行电路		是 / 否	备注
3	电梯运行电路接触器牢固	上行方向工作接触器 CS		
		下行方向工作接触器 CX		
		快速状态接触器 CKF		
		快速状态准备接触器 CK		
		通电延时继电器 JQS		
		快速运行接触器 CKY		
		断电延时继电器 JPS		
		运行继电器 JTZ 和 1JTZ		
		慢速状态接触器 CM		
		通电延时继电器 JZS		
		制动电阻切除接触器 1CMY		
		通电延时继电器 JCS		
		慢速运行接触器 CMY		
		上行平层继电器 JGS		
		下行平层继电器 JGX		
4	电梯运行电路接线牢固	218 号线		
		221、226 号线		
		164、165 号线		
		221、222 号线		
		223、226 号线		
		224、225 号线		
		227、228 号线		
		229 号线		
		230、231、232 号线		
		233、234、235 号线		
		169、170、171、173 号线		
		236、237 号线		
		238、239、240 号线		
		203 号线		
		242 号线		

四、JH-751 电梯运行电路维修验收

以小组为单位进行 JH-751 电梯运行电路的验收工作。填写表 4-3-3，只填写电梯运行电路运行过程的验收结果。根据验收结果在验收结果栏的合格项或不合格项填写“√”，本次验收不再进行改变。验收人为项目负责人。

表 4-3-3　JH-751 电梯运行电路维修验收记录表

工程名称		JH-751 电梯运行电路验收	项目：　　年　　月　　日		
检验项目				检验结果	
				合格	不合格
上行	快速	步骤一	上行方向工作接触器 CS 得电		
		步骤二	自动平层时间继电器 JPS 得电		
		步骤三	运行辅助继电器 JTZ 和 1JZT 得电		
		步骤四	快速状态准备接触器 CKF 得电		
		步骤五	快速状态接触器 CK 得电		
		步骤六	加速时间继电器 JQS 得电		
		步骤七	快速运行接触器 CKY 得电		
	换速	步骤八	内选层层楼指示继电器得电		
		步骤九	CKF、CK、CKY 接触器线圈断电接触器复位		
	慢速	步骤十	慢速状态接触器 CM 得电		
		步骤十一	制动电阻切除继电器 JZS 得电		
		步骤十二	制动电阻切除接触器 1CMY 得电		
		步骤十三	慢速切除电阻继电器 JCS 得电		
		步骤十四	慢速运行接触器 CMY 得电		
	平层	步骤十五	下行平层继电器 JGX 得电		
		步骤十六	上行平层继电器 JGS 得电		
下行	快速	步骤十七	下行方向工作接触器 CX 得电		
		步骤十八	自动平层时间继电器 JPS 得电		
		步骤十九	运行辅助继电器 JTZ 和 1JZT 得电		
		步骤二十	快速状态准备接触器 CKF 得电		
		步骤二十一	快速状态接触器 CK 得电		
		步骤二十二	加速时间继电器 JQS 得电		
		步骤二十三	快速运行接触器 CKY 得电		
	换速	步骤二十四	内选层楼层指示继电器得电		
		步骤二十五	CKF、CK、CKY 接触器线圈断电接触器复位		
	慢速	步骤二十六	慢速状态接触器 CM 得电		
		步骤二十七	制动电阻切除继电器 JZS 得电		
		步骤二十八	制动电阻切除接触器 1CMY 得电		
		步骤二十九	慢速切除电阻继电器 JCS 得电		
		步骤三十	慢速运行接触器 CMY 得电		
	平层	步骤三十一	上行平层继电器 JGS 得电		
		步骤三十二	下行平层继电器 JGX 得电		

学习活动4 工作总结与评价

学习目标

1. 能按分组情况，派代表展示工作成果，说明本次任务的完成情况，并做分析总结。
2. 能结合任务完成情况，正确规范地撰写工作总结。
3. 能就本次任务中出现的问题提出改进措施。
4. 能对学习与工作进行反思总结，并能与他人开展良好合作，进行有效沟通。

建议学时

2学时。

学习过程

一、个人、小组评价

以小组为单位，选择演示文稿、展板、海报、视频等形式中的一种或几种，向全班展示、汇报维修成果。在展示的过程中，以小组为单位进行评价；评价完成后，根据其他小组成员对本组展示成果的评价意见进行归纳总结。

汇报维修思路：

其他小组成员的评价意见：

二、教师评价

认真听取教师对本小组展示成果优缺点以及在完成任务过程中出现的亮点和不足的评价意见，并做好记录。

1. 教师对本小组展示成果优点的点评。

2. 教师对本小组展示成果缺点及改进方法的点评。

3. 教师对本小组在整个任务完成过程中出现的亮点和不足的点评。

三、工作过程回顾及总结

1. 在团队学习过程中,项目负责人给你分配了哪些工作任务?你是如何完成的?还有哪些需要改进的地方?

2. 总结完成 JH-751 电梯运行电路维修任务过程中遇到的问题和困难,列举 2~3 点你认为比较值得和其他同学分享的工作经验。

3. 回顾本学习任务的工作过程，对新学专业知识和技能进行归纳和整理，撰写工作总结。

评价与分析

按照客观、公正和公平原则，在教师的指导下按自我评价、小组评价和教师评价三种方式对自己或他人在本学习任务中的表现进行综合评价。综合等级按 A(90~100 分)、B(75~89 分)、C(60~74 分)、D(0~59 分)，四个级别进行填写，填写在表 4-4-1 中。

表 4-4-1　学习任务综合评价表

考核项目	评价内容	配分(分)	评价分数		
			自我评价	小组评价	教师评价
职业素养	劳动保护用品穿戴完备,仪容仪表符合工作要求	5			
	安全意识、责任意识强	6			
	积极参加教学活动,按时完成各项学习任务	6			
	团队合作意识强,善于与人交流和沟通	6			
	自觉遵守劳动纪律,尊敬师长,团结同学	6			
	爱护公物,节约材料,管理现场符合 6S 标准	6			
专业能力	专业知识扎实,有较强的自学能力	10			
	操作积极,训练刻苦,具有一定的动手能力	15			
	技能操作规范,遵循安全规程,工作效率高	10			
工作成果	JH-751 电梯运行电路原理清晰,维修时能按照标准流程进行	20			
	工作总结符合要求	10			
总　分		100			
总评	自我评价 × 20%+ 小组评价 × 20%+ 教师评价 × 60%=	综合等级	教师(签名):		

学习任务五　典型继电式(JH-751)电梯门电路维修

【学习目标】

1. 能通过阅读电梯维修任务单,明确工作任务。
2. 能查阅相关资料,学习继电式电梯(JH-751)电梯门电路基本知识。
3. 能根据任务要求观察电梯门电路现象,填写电梯门电路故障现象登记表。
4. 能明确电梯门电路的工作流程。
5. 能与项目组长进行专业沟通,根据电梯门电路维修任务单和故障树分析图以及实际情况,制订维修计划。
6. 能根据电梯门电路维修的相关内容,确定所需工具和材料。
7. 能查阅相关资料,学习电梯门电路的维修方法。
8. 能按工艺要求和安全操作规程要求,完成电梯门电路的维修。
9. 能进行电梯门电路维修后的检查工作。
10. 能对电梯门电路的维修过程进行总结与评价。

【建议学时】

16学时。

【工作情境描述】

学院某办公楼需维修一部四层四站的继电式电梯,该电梯曳引机为双速电动机,采用变极调速。受学院委托,电梯工程技术专业学生承接电梯门电路维修任务。要求参照"故障树"分析方法,在1天之内完成对电梯门电路的维修,完成后交付验收。

【工作流程与活动】

电梯门电路维修

学习活动1　明确工作任务(2学时)

学习活动2　制订工作计划(4学时)

学习活动 3　电梯门电路的维修及检查验收(8 学时)
学习活动 4　工作总结与评价(2 学时)

学习活动 1　明确工作任务

学习目标

1. 能通过阅读电梯门电路维修任务单,明确工作任务。
2. 能查阅相关资料,学习电梯门电路的基本知识。

建议学时

2 学时。

学习过程

一、接受任务单,明确工作任务

电梯维修作业人员从项目组组长处领取电梯门电路维修工作任务单,见表 5-1-1,明确维修项目、时间、地点等内容。

表 5-1-1　电梯门电路维修工作任务单

电梯编号	故障位置	开始时间	结束时间	共计
1 号楼 1 号梯	电梯门电路			1 个工作日
故障原因及内容:				
维修过程及安全措施: 维修人:				
检定结论(含技术参数功能): 检验人:　　　日期:				

续表

电梯门电路电气原理图

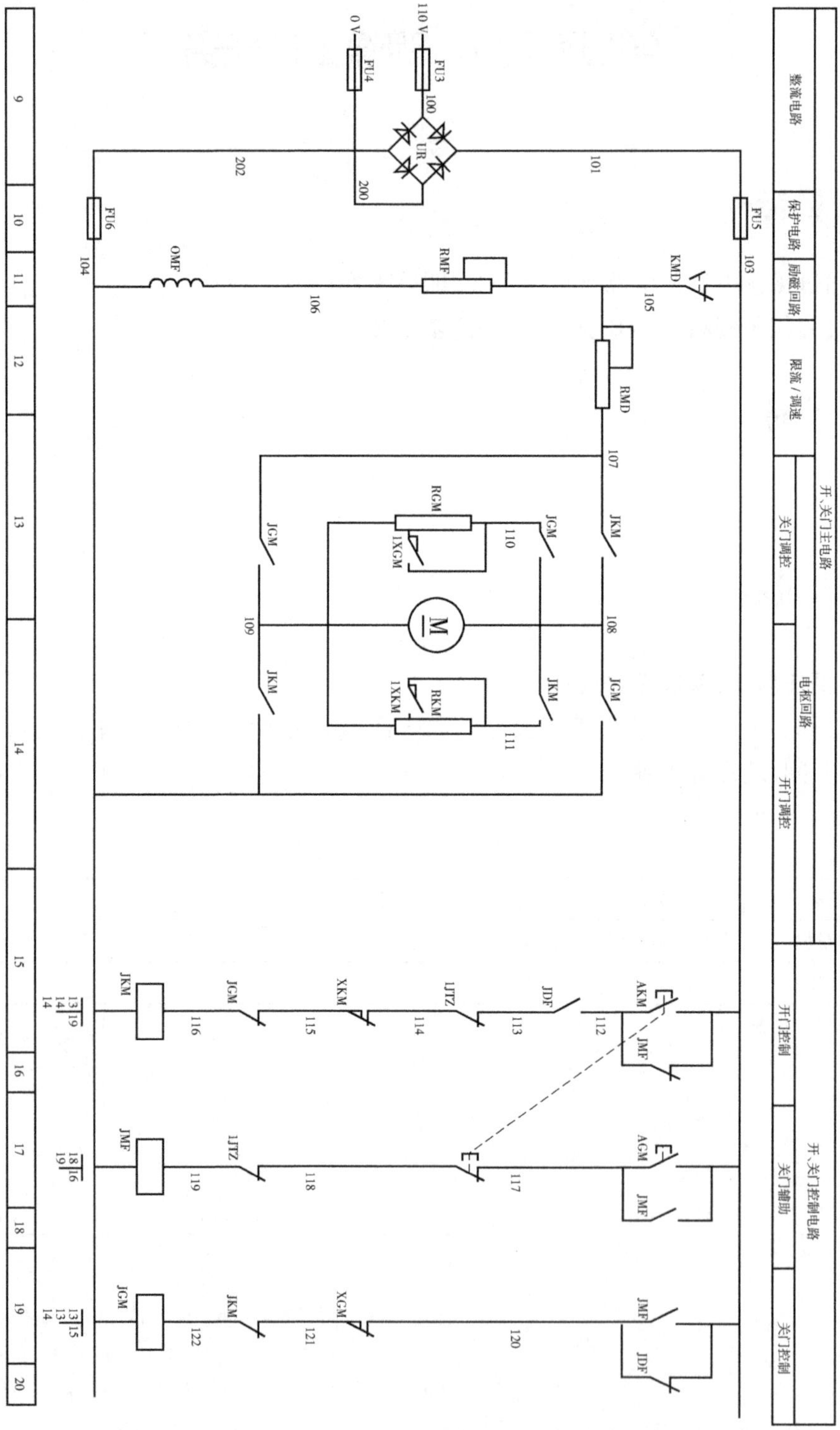

通过阅读维修任务单,回答以下问题:

1. 该项工作的施工地点在什么地方?

2. 该项工作要求多长时间完成?

3. 该项工作具体内容是什么?

4. 掌握电梯门电路原理需要哪些专业知识?

5. 电梯门机主电路中 4 个整流二极管可用 1 个什么元件替代?

二、电梯门电路维修相关知识认知

查阅电梯原理相关资料,学习二极管整流相关知识和直流电机相关知识,并补充完整以下内容。

1. 二极管整流相关知识认知

查阅资料学习二极管整流的相关知识,并将表 5-1-2 补充完整。

表 5-1-2　二极管整流认知表

二极管分类	解释
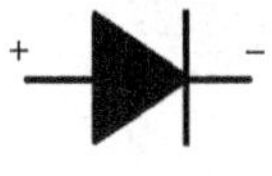 (1)  (2)	二极管具有导电性,电流只能由______极流向负极,反之不可以。根据二极管图形符号的不同,(1)为______二极管。(2)为______二极管。
整流分类	**解释**
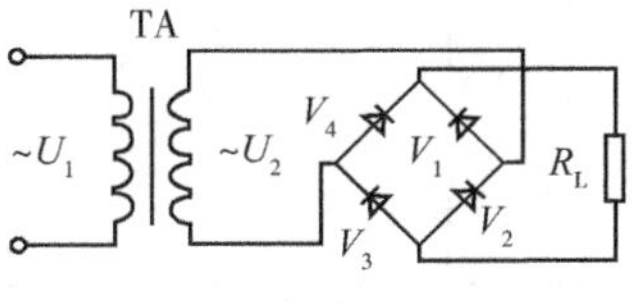 (1) 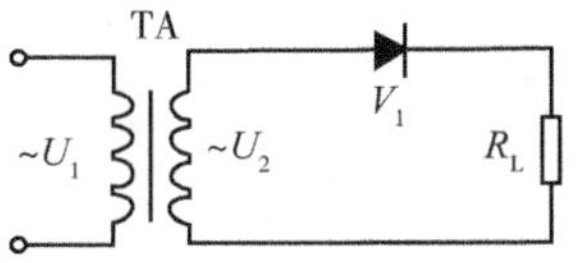 (2)	1. 整流后负载 R_L 上的电压为______流电压。根据整流电路的不同结构,(1)为______整流、(2)为______整流。 2. 全波整流后的直流电压是整流前交流电压的______倍,半波整流后的直流电压是整流前交流电压的______倍。

续表

整流元件类型			含义
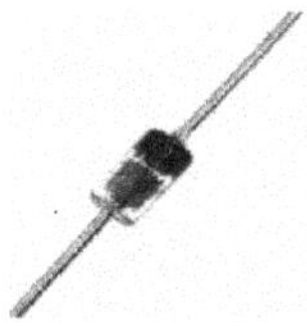 (1)	 (2)	 (3)	(1)—— (2)—— (3)——

2. 直流电动机相关知识认知

查阅资料，学习直流电动机的相关知识，并将表 5-1-3 补充完整。

表 5-1-3　直流电动机认知表

直流电动机认知		
直流电动机原理		解释
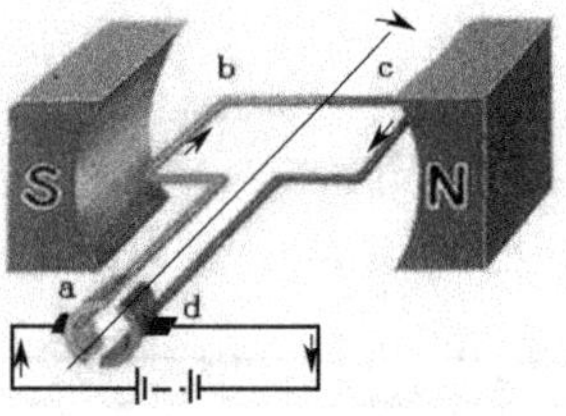 (1)	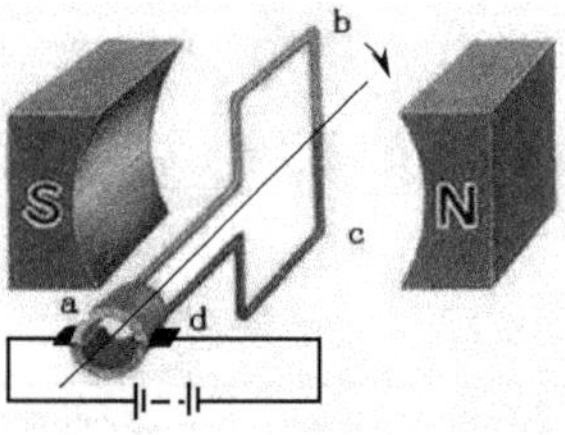 (2)	使用左手定则判断电磁力的方向，说明直流电动机运行原理：
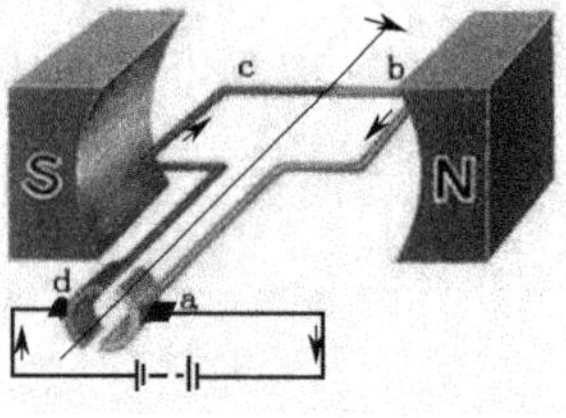 (3)	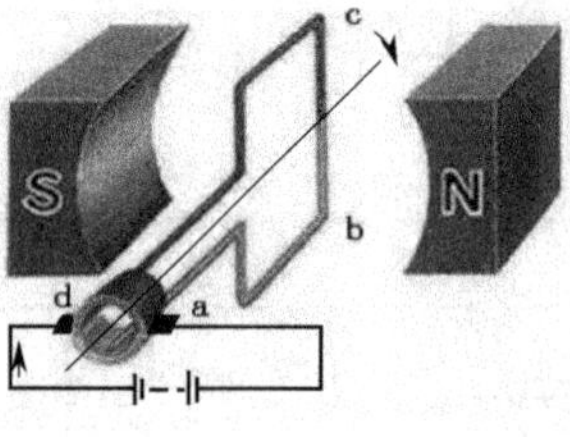 (4)	

续表

直流电动机结构示意图	含义
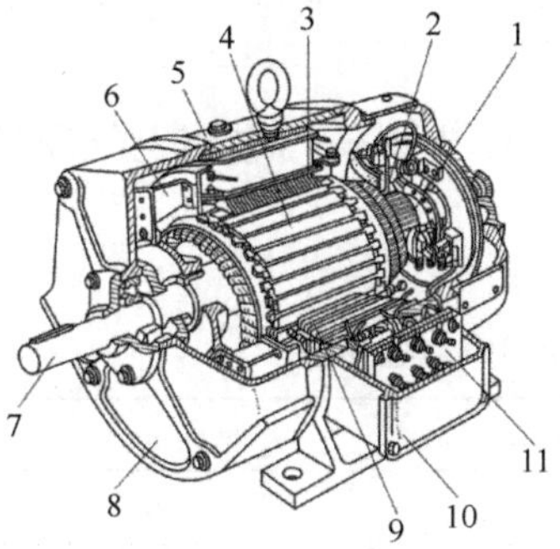	小型直流电动机机构中：接线盒对应______，接线板对应______，风扇对应______，换向磁极对应______，端盖对应______，机座对应______，电枢对应______，主磁极对应______，架刷对应______，轴承对应______，换向器对应______。
直流电动机励磁认知	含义
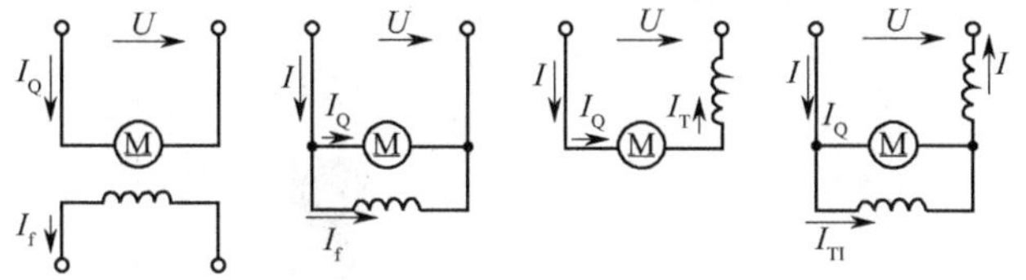（1）　（2）　（3）　（4）	根据励磁方法不同，直流电动机有若干种励磁形式，其中他励法对应______、复励法对应______、并励法对应______、串励法对应______。
含义	直流电动机调速公式
E_a——电枢电动势，V； C_e——电机结构常数，$C_e=\dfrac{Np}{60a}=\dfrac{\text{电枢绕组导体数}\times\text{磁极对数}}{60\times\text{并联支路数}}$； Φ——主磁通，Wb； n——电机转速。	

学习活动 2　制订工作计划

学习目标

1. 能根据任务要求测绘 JH-751 电梯门电路。
2. 明确电梯门电路的维修流程。
3. 能根据电梯门电路的维修流程，制订维修计划。
4. 能根据施工需要领取相关工具材料。

建议学时

4 学时。

学习过程

一、测绘 JH-751 电梯门电路

电梯维修工从组长处领取表 5-2-1，根据 JH-751 电梯安门电路电气原理图测量并绘制 JH-751 电梯门电路配线图。

表 5-2-1　JH-751 电梯门电路配线图

JH-751 电梯门电路配线图	备注
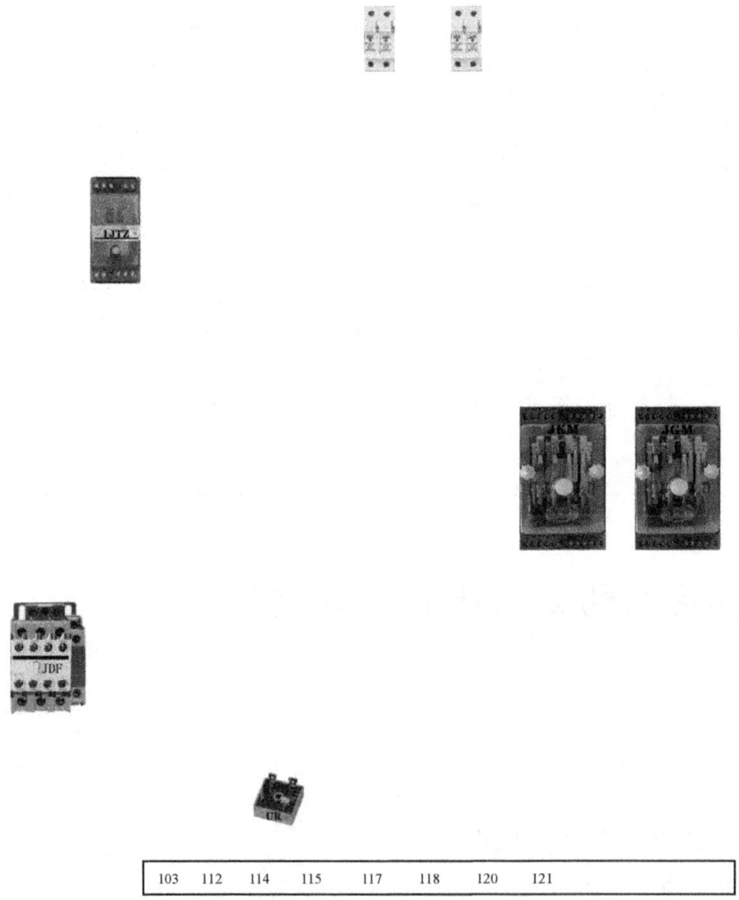	

二、明确电梯门电路的维修流程

熟悉电梯门电路故障树，根据表 5-2-2 中电梯门电路的故障树分析图，撰写工作流程及维修注意事项，并将计划及注意事项填入表内。

表 5-2-2　JH-751 电梯门电路维修计划表

<table>
<tr><td>1.JH-751 电路故障树分析图</td></tr>
<tr><td>

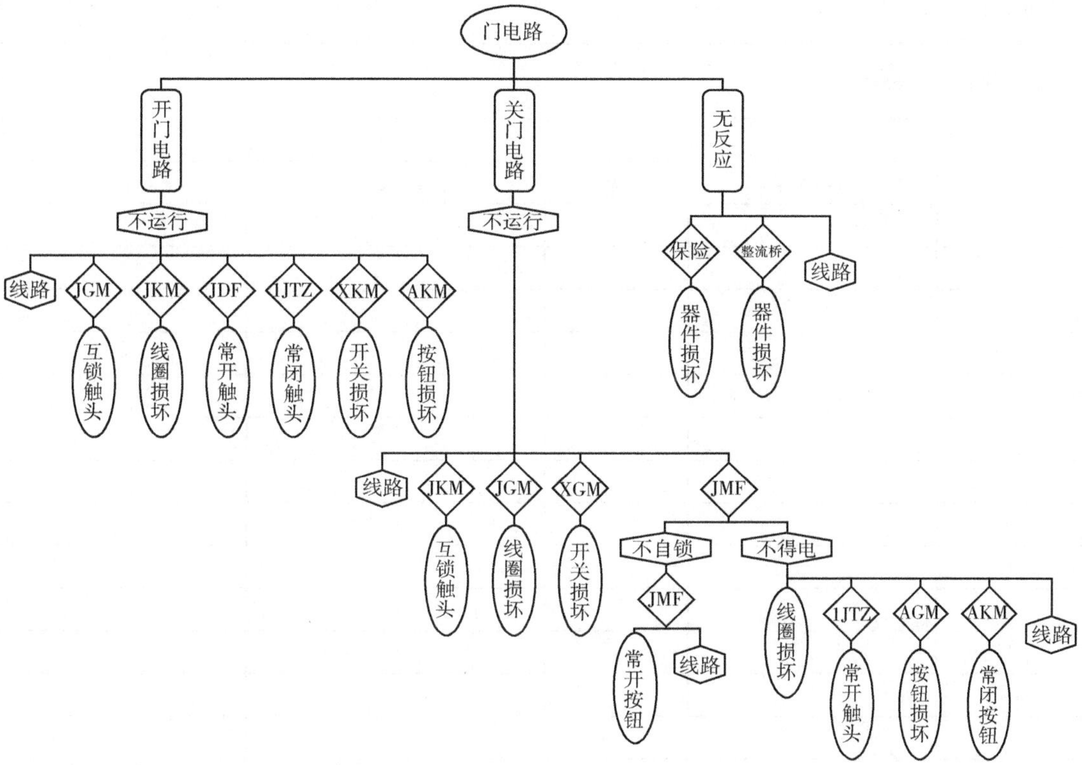

JH-751 电梯门电路故障树分析图

</td></tr>
<tr><td>2. 维修流程及维修方法</td></tr>
<tr><td></td></tr>
<tr><td>3. 检修注意事项</td></tr>
<tr><td></td></tr>
</table>

三、制订工作计划

根据电梯门电路的维修流程,制订工作计划,填写在表 5-2-3 中。

表 5-2-3　JH-751 电梯门电路维修工作计划表

<table>
<tr><td colspan="2">1. 电梯型号</td><td colspan="3">JH-751</td></tr>
<tr><td colspan="2">2. 电梯门电路器件列表</td><td colspan="3"></td></tr>
<tr><td colspan="2">3. 所需的工具、设备、材料</td><td colspan="3"></td></tr>
<tr><td colspan="5">4. 人员分工</td></tr>
<tr><td>序号</td><td>工作内容</td><td>负责人</td><td>计划完成时间</td><td>备注</td></tr>
<tr><td>1</td><td></td><td></td><td></td><td></td></tr>
<tr><td>2</td><td></td><td></td><td></td><td></td></tr>
<tr><td>3</td><td></td><td></td><td></td><td></td></tr>
<tr><td>4</td><td></td><td></td><td></td><td></td></tr>
<tr><td>5</td><td></td><td></td><td></td><td></td></tr>
<tr><td>6</td><td></td><td></td><td></td><td></td></tr>
<tr><td>7</td><td></td><td></td><td></td><td></td></tr>
<tr><td>8</td><td></td><td></td><td></td><td></td></tr>
<tr><td>9</td><td></td><td></td><td></td><td></td></tr>
<tr><td>10</td><td></td><td></td><td></td><td></td></tr>
<tr><td>11</td><td></td><td></td><td></td><td></td></tr>
<tr><td>12</td><td></td><td></td><td></td><td></td></tr>
<tr><td>13</td><td></td><td></td><td></td><td></td></tr>
<tr><td>14</td><td></td><td></td><td></td><td></td></tr>
<tr><td>15</td><td></td><td></td><td></td><td></td></tr>
<tr><td>16</td><td></td><td></td><td></td><td></td></tr>
</table>

制订完工作计划后，需要对计划内容、维修流程进行可行性研究，要求对实施地点、准备工作、维修流程等细节进行探讨，保证后续维修工作安全、可靠地执行。

四、领取 JH-751 电梯门电路维修工具和耗材

领取相关工具和耗材，就工具和耗材的名称、数量、单位和规格进行核对，填写工具和材料领用表，见表 5-2-4，为工具和材料领取提供凭证。在教师指导下，了解相关工具的使用方法，检查工具是否能正常使用，耗材领取要适量，不宜过多或不够用。

表 5-2-4　工具和材料领用表

序号	名称	图示	单位	数量	规格	领用时间	领用人	归还时间	备注
1	万用表								
2	活扳手	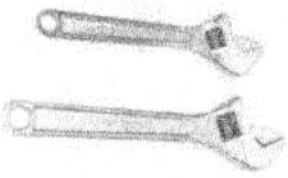							
3	导线								
4	卷尺								
5	电工工具								
6	继电器 DZ-51								
7	继电器 DZ-41								
8	限速开关								

续表

序号	名称	图示	单位	数量	规格	领用时间	领用人	归还时间	备注
9	接触器								
10	胶布								
11	针形端子	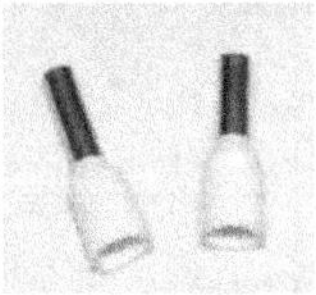							
12	M4 x 30 螺栓螺母								
13	护栏								
注意事项		1. 领用人应保管好所领取的工具及材料，若有遗失，需照价赔偿。 2. 领用工具不得在实训场地以外使用，非允许不得外借他人使用。 3. 替换的耗料在工作完毕后应清点回收。 4. 避免耗料的浪费。							

学习活动 3　电梯门电路的维修及检查验收

学习目标

1. 查阅相关资料，学习电梯门电路的维修方法。
2. 能按操作流程和安全操作规程的要求，完成电梯门电路的维修。
3. 能对电梯门电路进行自查和验收。

建议学时

8学时。

学习过程

一、学习电梯门电路维修相关知识

通过查阅相关资料,回答下列问题,学习电梯门电路的运行原理及维修方法。

1.JH-751电梯门电路的电源电压为110 V,此电压来自哪里?

2.JH-751电梯门电路中OMF为直流门机的励磁线圈,RMF调整电阻的作用是什么?

3. 图5-3-1为直流电动机电枢回路调速电路,此电路采用的是何种调速方式?

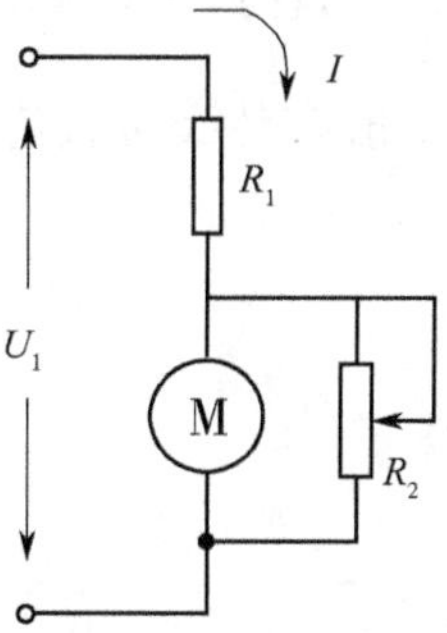

图5-3-1　直流电动机调速示意图

4. 图 5-3-2 为 JH-751 电梯门电路的开门电路示意图，叙述门机开门时的电流流向。

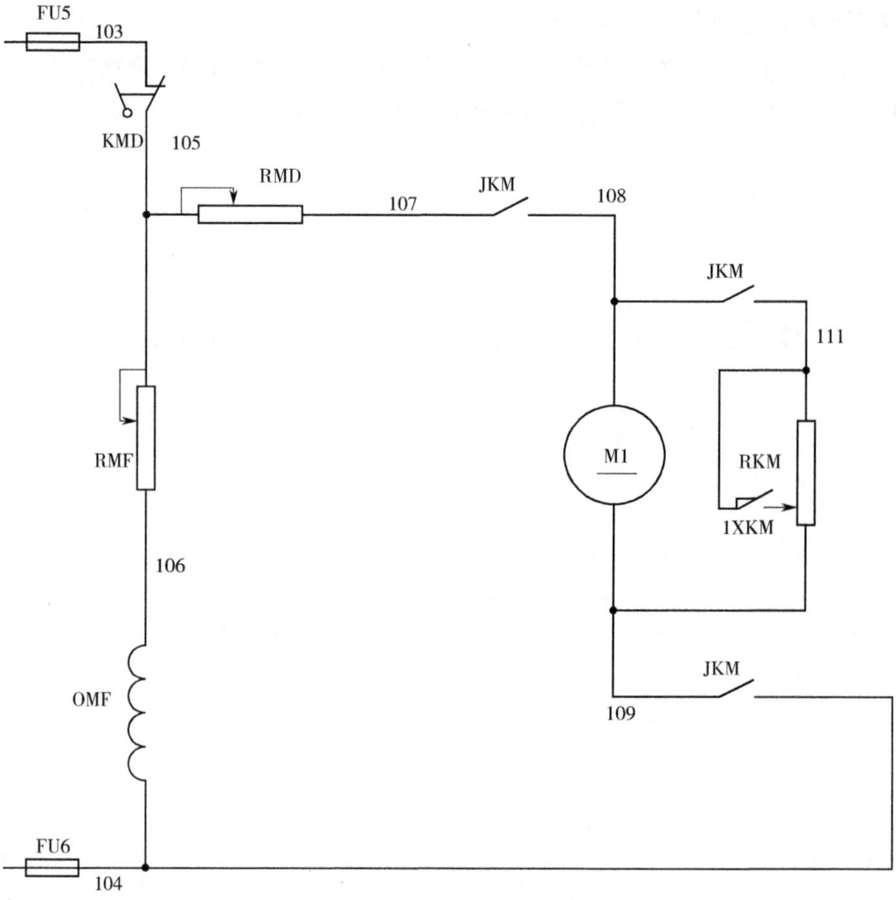

图 5-3-2　直流门机开门电路示意图

5. 电梯层门关闭或打开过程中，一般在什么位置进行速度变换？一般应该如何实现？

6.JH-751 电梯门电路中，开门限位和关门限位的文字符号是什么？开门限位和关门限位的作用各是什么？

7.JH-751 电梯门电路中的 103 号线和 104 号线之间的电压是多少？

8.JH-751 电梯门电路能实现电梯的自动开门，分别为用底层钥匙（XDF）开启电梯后和电梯运行到站后。利用底层钥匙实现电梯自动开门的过程是怎样的？

9.JH-751 电梯门电路中 IJTZ（15 区）常闭辅助触头的作用是什么？

10.JH-751 电梯门电路中 AKM 为电梯开门按钮，既然电梯在运行到站后具有自动开门的功能，那么 AKM 在什么情况下才有作用？

11. 分析 JH-751 电梯门控制电路是否具有自动关门的功能？如果有，由哪个接触器控制？

12.JH-751 电梯若在电梯运行前关闭电梯层门，此时用手扒门是否可以打开电梯层门，为什么？

13.JH-751 电梯门控制电路中 17 区的 IJTZ 常闭触头有什么作用？

二、维修电梯门电路

按照电梯门电路的原理图和配线图，完成电梯门电路的维修，应注意维修的相关内容。维修完成后，由指导教师检查电梯门电路运行的安全性和正确性后，方可通电测试电梯门电路功能，并将维修过程记录在表 5-3-1 中。

表 5-3-1　JH-751 电梯门电路维修过程记录表

序号	现象	判断	检查项目	涉及器件	相关内容	完成情况
1	电梯门电路不运行	电源故障	直流端保险	FU5 和 FU6	101、103 号线和 202、104 号线	□完成 □未完成
			交流端保险	FU3 和 FU4	110 V、0 V 号线和 100、200 号线	□完成 □未完成
			整流桥	UR	100、200 号线和 101、202 号线	□完成 □未完成
		母线故障	电源正极母线	JMF、JDF	103 号线	□完成 □未完成
			电源负极母线	JKM、JM、FJGM	313、314、315 号线	□完成 □未完成
		门机故障	直流门机	OMF、JKM、JGM	105、106、107、108、109 号线	□完成 □未完成

续表

序号	现象	判断	检查项目	涉及器件	相关内容	完成情况
2	开关门不减速	减速电阻	门机电枢电阻	RGM 和 RKM	108、110、111、109号线	□完成 □未完成
		减速行程开关	门机减速开关	1XGM 和 1XKM	110、111 号线	□完成 □未完成
3	电梯门电路开门路障	开门控制	JKM	JDF 常开触头	112、113 号线	□完成 □未完成
				1JTZ 常闭触头	113、114 号线	□完成 □未完成
				XKM 开门限位常闭触头	114、115 号线	□完成 □未完成
				JGM 互锁常闭触头	115、116 号线	□完成 □未完成
				JKM 线圈	116、104 号线	□完成 □未完成
4	电梯门电路关门路障	关门辅助	JMF	AGM 关门按钮常开触点	103、117 号线	□完成 □未完成
				AKM 开门按钮常闭触点	117、118 号线	□完成 □未完成
				1JTZ 常闭触头	118、119 号线	□完成 □未完成
				JMF 线圈	119、104 号线	□完成 □未完成
		关门不自锁	JMF	JMF 常开触头	103、117 号线	□完成 □未完成
		关门控制	JGM	JMF 常开触头	103、120 号线	□完成 □未完成
				XGM 关门限位常闭触头	120、121 号线	□完成 □未完成
				JKM 互锁常闭触头	121、122 号线	□完成 □未完成
				JGM 线圈	122、104 号线	□完成 □未完成
		锁梯自动关门	JDF	JDF 常闭触头	103、120 号线	□完成 □未完成

三、进行 JH-751 电梯门电路自检

根据 JH-751 电梯门电路的维修情况，以接触器是否工作正常和导线是否导通进行自检。将自检结果填入表 5-3-2，不可修复的问题注明后也填入备注栏。

表 5-3-2　JH-751 电梯门电路维修自检表

序号	JH-751 电梯门电路		是 / 否	备注
1	电梯门电路功能正常	开门继电器 JKM 得电		
		关门开车继电器 JMF 得电		
		关门继电器 JGM 得电		
		门机运行正常		
2	电梯门电路导线导通	103 号线		
		104 号线		
		105、107、108、109 号线		
		112、113、114、115、116 号线		
		117、118、119 号线		
		120、121、122 号线		
3	电梯门电路接触器牢固	开门继电器 JKM 得电		
		关门开车继电器 JMF 得电		
		关门继电器 JGM 得电		
		门机运行正常		
4	电梯门电路接线牢固	103 号线		
		104 号线		
		105、107、108、109 号线		
		112、113、114、115、116 号线		
		117、118、119 号线		
		120、121、122 号线		

四、JH-751 电梯门电路维修验收

以小组为单位进行 JH-751 电梯门电路的验收工作，填写表 5-3-3，其中只填写电梯门电路运行过程的验收结果。根据验收结果在验收结果栏的合格项或不合格项填写“√”，本次验收不再进行改变。验收人为项目负责人。

表 5-3-3　JH-751 电梯门电路维修验收记录表

工程名称		JH-751 电梯定向电路验收	项目：　　　年　　　月　　　日		
检验项目				检验结果	
				合格	不合格
电梯门运行	开门运行	步骤一	开梯后启动自动开门		
		步骤二	开门继电器 JKM 得电		
		步骤三	开门到位时 XKM 常闭触头断开		
		步骤四	开门继电器 JKM 失电		
	关门运行	步骤五	按 AGM 关门按钮		
		步骤六	关门开车继电器 JMF 得电		
		步骤七	关门继电器 JGM 得电		
		步骤八	关门到位时 XGM 常闭触头断开		
		步骤九	锁梯后自动关门		

学习活动 4　工作总结与评价

学习目标

1. 能按分组情况，派代表展示工作成果，说明本次任务的完成情况，并做分析总结。
2. 能结合任务完成情况，正确规范地撰写工作总结。
3. 能就本次任务中出现的问题提出改进措施。
4. 能对学习与工作进行反思总结，并能与他人开展良好合作，进行有效沟通。

建议学时

2 学时。

学习过程

一、个人、小组评价

以小组为单位，选择演示文稿、展板、海报、视频等形式中的一种或几种，向全班展示、汇报维修成果。在展示的过程中，以小组为单位进行评价；评价完成后，根据其他小组成员对本组展示成果的评价意见进行归纳总结。

汇报维修思路：

其他小组成员的评价意见：

二、教师评价

认真听取教师对本小组展示成果优缺点以及在完成任务过程中出现的亮点和不足的评价意见，并做好记录。

1. 教师对本小组展示成果优点的点评。

2. 教师对本小组展示成果缺点及改进方法的点评。

3. 教师对本小组在整个任务完成过程中出现的亮点和不足的点评。

三、工作过程回顾及总结

1. 在团队学习过程中，项目负责人给你分配了哪些工作任务？你是如何完成的？还有哪些需要改进的地方？

2. 总结完成 JH-751 电梯门电路维修任务过程中遇到的问题和困难，列举 2~3 点你认为比较值得和其他同学分享的工作经验。

3. 回顾本学习任务的工作过程，对新学专业知识和技能进行归纳和整理，撰写工作总结。

评价与分析

按照客观、公正和公平原则，在教师的指导下按自我评价、小组评价和教师评价三种方式对自己或他人在本学习任务中的表现进行综合评价。综合等级按 A(90~100 分)、B(75~89 分)、C(60~74 分)、D(0~59 分)，四个级别进行填写，填写在表 5-4-1 中。

表 5-4-1 学习任务综合评价表

考核项目	评价内容	配分(分)	评价分数		
			自我评价	小组评价	教师评价
职业素养	劳动保护用品穿戴完备,仪容仪表符合工作要求	5			
	安全意识、责任意识强	6			
	积极参加教学活动,按时完成各项学习任务	6			
	团队合作意识强,善于与人交流和沟通	6			
	自觉遵守劳动纪律,尊敬师长,团结同学	6			
	爱护公物,节约材料,管理现场符合 6S 标准	6			
专业能力	专业知识扎实,有较强的自学能力	10			
	操作积极,训练刻苦,具有一定的动手能力	15			
	技能操作规范,遵循安全规程,工作效率高	10			
工作成果	JH-751 电梯门电路原理清晰,维修时能按照标准流程进行	20			
	工作总结符合要求	10			
总 分		100			
总评	自我评价 × 20%+ 小组评价 × 20%+ 教师评价 × 60%=	综合等级	教师(签名):		

学习任务六　典型继电式（JH-751）电梯安全回路与电源电路维修

【学习目标】

1. 能通过阅读电梯维修任务单，明确工作任务。
2. 能查阅相关资料，学习继电式电梯（JH-751）安全回路与电源电路基本知识。
3. 能根据任务要求观察电梯安全回路与电源电路现象，填写电梯安全回路与电源电路故障现象登记表。
4. 能明确电梯安全回路与电源电路的工作流程。
5. 能与项目组长进行专业沟通，根据电梯安全回路与电源电路维修任务单和故障树分析图以及实际情况，制订维修计划。
6. 能根据电梯安全回路与电源电路维修的相关内容，确定所需工具和材料。
7. 能查阅相关资料，学习电梯安全回路与电源电路的维修方法。
8. 能按工艺要求和安全操作规程要求，完成电梯安全回路与电源电路的维修。
9. 能进行电梯安全回路与电源电路维修后的检查工作。
10. 能对电梯安全回路与电源电路的维修过程进行总结与评价。

【建议学时】

12 学时。

【工作情境描述】

学院某办公楼需维修一部四层四站的继电式电梯，该电梯曳引机为双速电动机，采用变极调速。受学院委托，电梯工程技术专业学生承接电梯安全回路与电源电路维修任务。要求参照“故障树”分析方法，在 1 天之内完成对电梯安全回路与电源电路的维修，完成后交付验收。

【工作流程与活动】

电梯安全回路与电源电路维修

学习活动 1　明确工作任务（2 学时）
学习活动 2　制订工作计划（4 学时）
学习活动 3　电梯安全回路与电源回路的维修及检查验收（4 学时）
学习活动 4　工作总结与评价（2 学时）

学习活动 1　明确工作任务

学习目标

1. 能通过阅读电梯安全回路与电源电路维修任务单，明确工作任务。
2. 能查阅相关资料，学习电梯安全回路与电源电路的基本知识。

建议学时

2 学时。

学习过程

一、接受任务单，明确工作任务

电梯维修作业人员从项目组组长处领取电梯安全回路与电源电路维修工作任务单，见表 6-1-1，明确维修项目、时间、地点等内容。

表 6-1-1　电梯安全回路与电源电路维修工作任务单

电梯编号	故障位置	开始时间	结束时间	共计
1 号楼 1 号梯	电梯安全回路与电源电路			1 个工作日
故障原因及内容：				
维修过程及安全措施： 维修人：				

续表

检定结论(含技术参数功能):
检验人:　　　　　　　　　　日期:
电梯安全回路与电源电路电气原理图

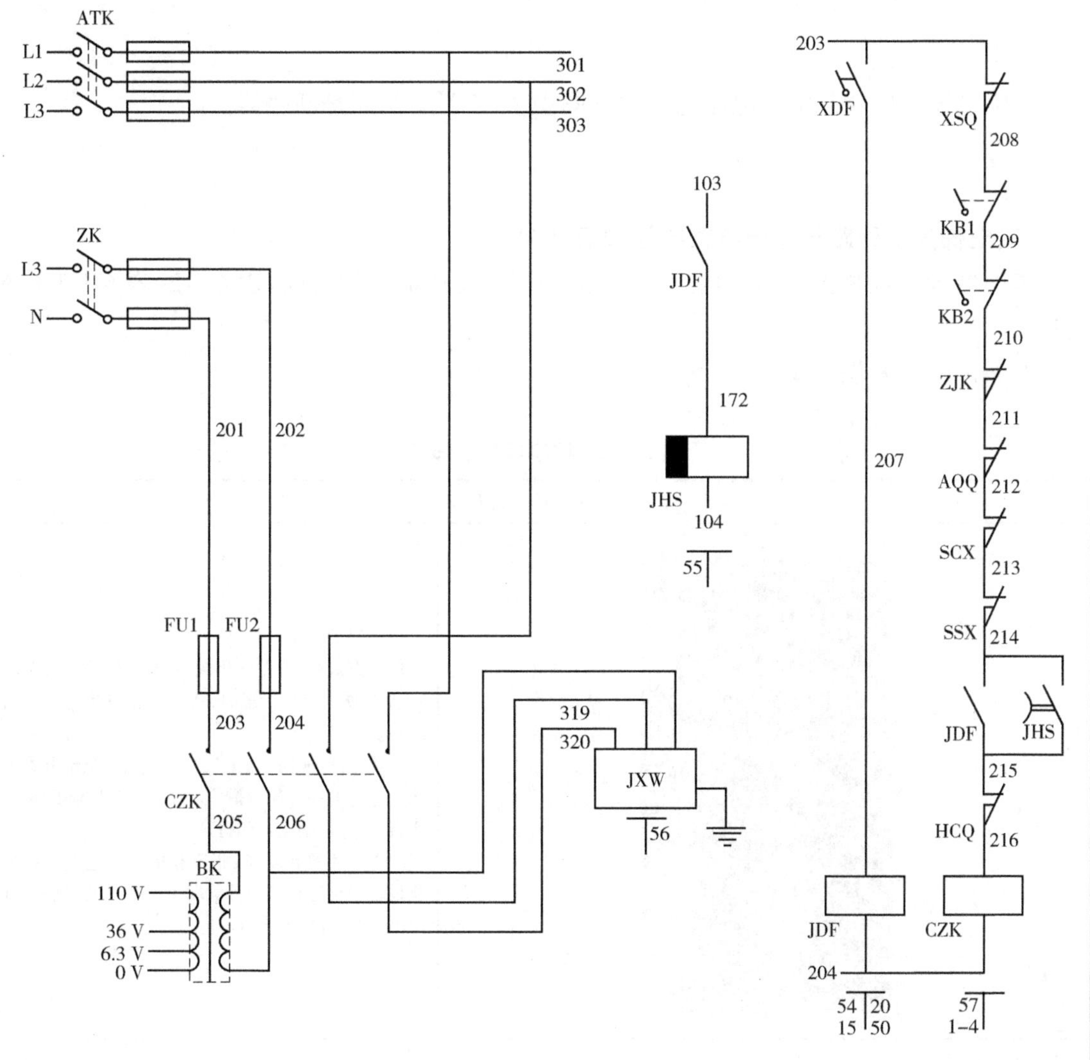

通过阅读维修任务单,回答以下问题:

1. 该项工作的施工地点在什么地方?

2. 该项工作要求的时间是多久？

3. 该项工作具体内容是什么？

4. 掌握电梯安全回路与电源电路原理需要哪些专业知识？

5. 电梯安全回路与电源电路电气原理图中 ATK 是刀闸还是断路器？

二、电梯安全回路与电源电路维修知识认知

查阅电梯原理相关资料，学习相序保护知识和变压器知识，并将表 6-1-2、表 6-1-3 补充完整。

1. 相序保护知识认知

表 6-1-2 相序保护认知表

相序保护器知识认知	
	相序保护特点： 1. 动态缺相、静态缺相保护：指被保护设备在运行状态或非运行状态时，任意一相发生______相故障。 2. 错相保护：防止 L1、L2、L3 三相交流电源相序______的一种保护措施。相序正确时辅助常开闭合、______辅助常闭打开。 3. 电压不平衡保护：指三相电压______将会影响设备安全运行的一种电压不平衡率的保护。电压不平衡率高于 8% 时______________。

续表

型号	含义
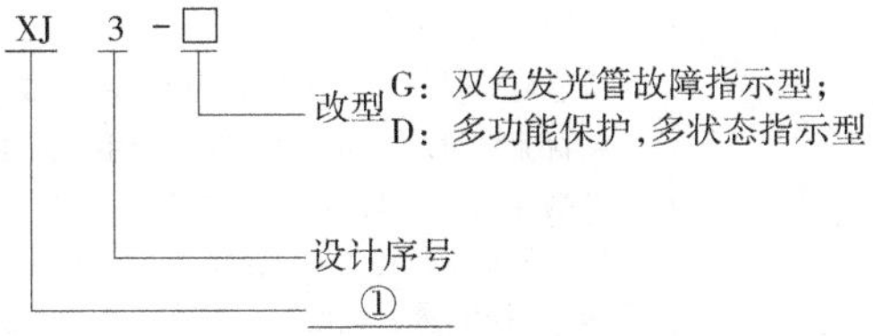	相序保护器型号中①的含义为：
相序保护器出线端	**解释**
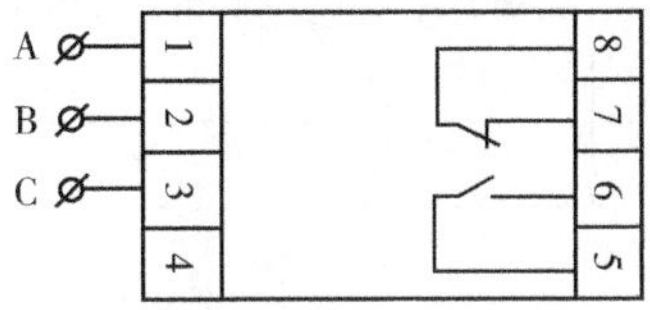	图中 A 表示相电压______；B 表示相电压______；C 表示相电压______。
相序保护器应用	**解释**
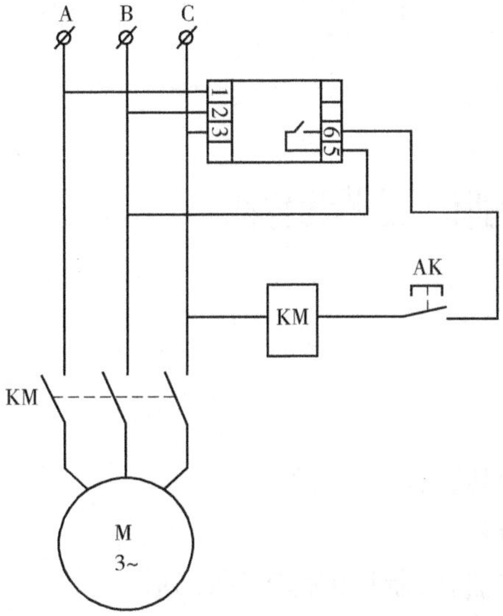	相序保护器接入相序错误时按下 AK，电动机能否运行？

2. 变压器知识认知

表 6-1-3　变压器认知表

变压器铁芯结构	解释
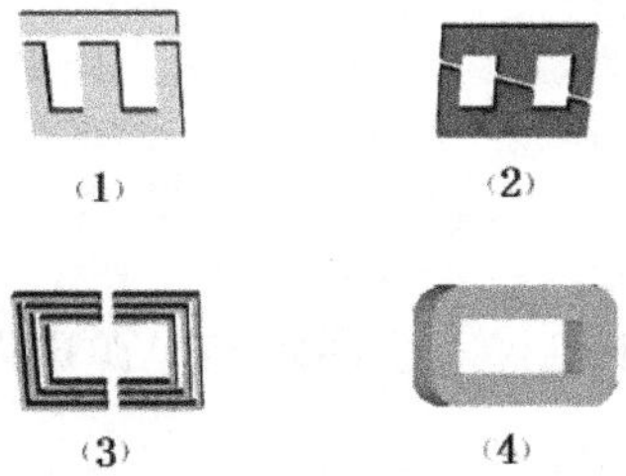	1. 铁芯的作用是提高______减少漏磁的产生，并作为变压器的支撑骨架使用。铁芯是由 0.35~0.5 mm______的叠装而成。 2. 观察图中变压器铁芯形状填写其对应数字：E 字形 -(　)；F 字形 -(　)；C 字形 -(　)；R 字形 -(　)。

续表

变压器工作原理示意图	解释
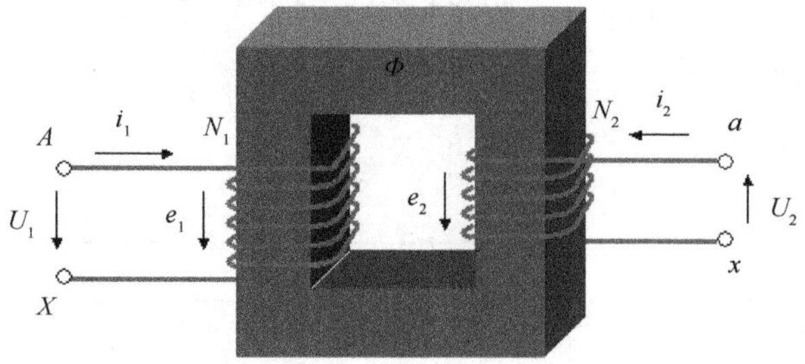	铁芯是提供______的闭合路径，两个绕组分别是一次侧绕组（原边）N_1 和二次侧绕组（副边）N_2。当一次侧绕组接交流电压后，就有电流 i_1 存在，该电流是一个交变的电流，故在铁芯中可产生一个主磁通 Φ，根据电磁感应定律，Φ 在一次侧绕组和二次侧绕组中分别产生感应电势 e_1 和 e_2，这样变压器就能通过______进行电压变换，即：$\frac{U_1}{U_2}=\frac{N_1}{N_2}$。
变压器功能	含义
$\frac{Z_1}{Z_2}=K^2$ $\frac{I_1}{I_2}=\frac{N_2}{N_1}=\frac{1}{K}$ $\frac{U_1}{U_2}=\frac{N_1}{N_2}=K$	Z_1——　　Z_2—— U_1——　　I_1—— U_2——　　I_2—— K——

学习活动 2　制订工作计划

学习目标

1. 能根据任务要求测绘 JH-751 电梯安全回路与电源电路。
2. 明确电梯安全回路与电源电路的维修流程。
3. 能根据电梯安全回路与电源电路的维修流程，制订维修工作计划。
4. 能根据施工需要领取相关工具材料。

建议学时

4 学时。

学习过程

一、测绘 JH-751 电梯安全回路与电源电路

电梯维修工从组长处领取表 6-2-1，根据 JH-751 电梯安全回路与电源电路电气原理图测量并绘制 JH-751 电梯安全回路与电源电路配线图。

表 6-2-1　JH-751 电梯安全回路与电源电路实际配线图

JH-751 电梯安全回路与电源电路配线图	备注
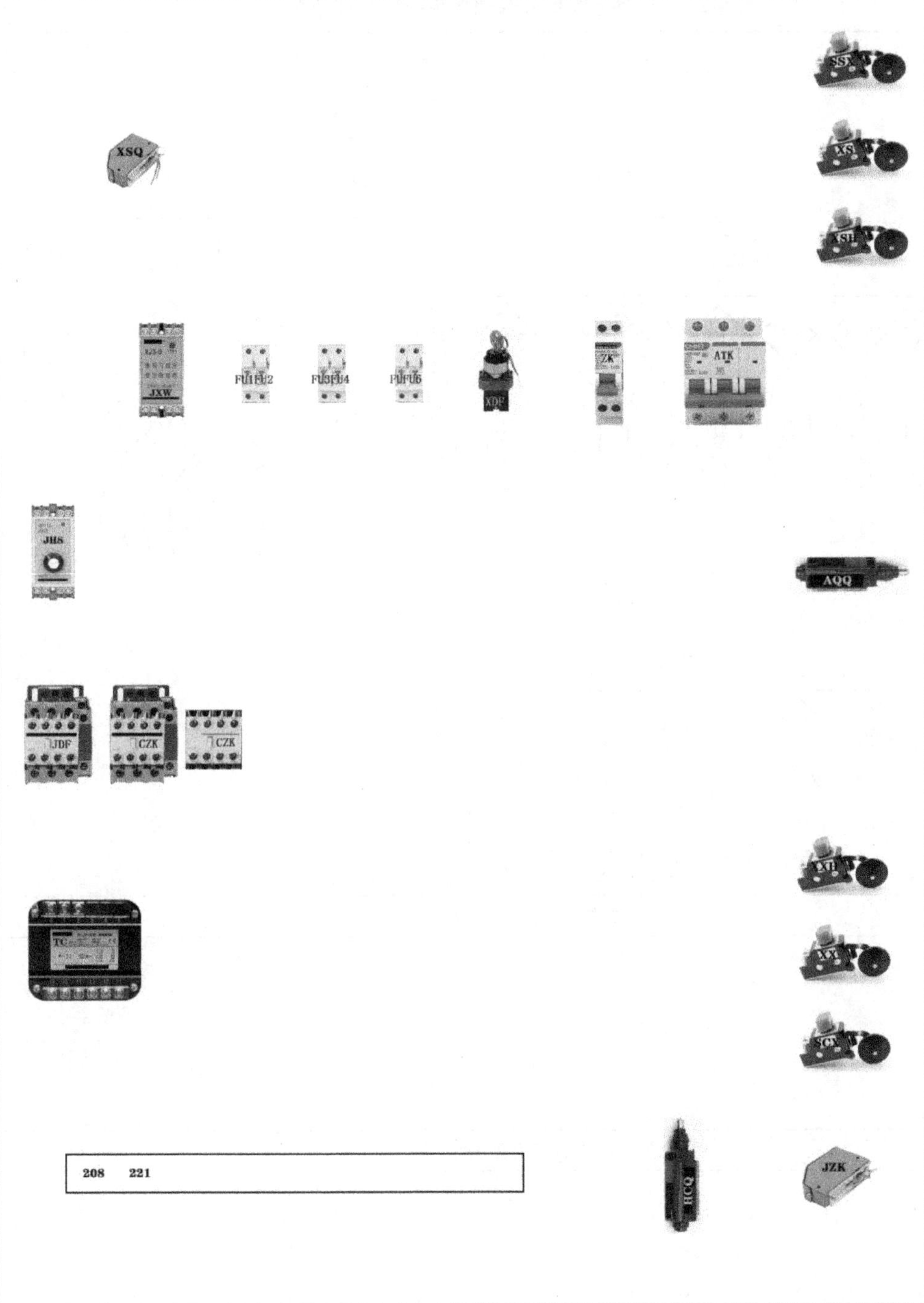	

二、明确电梯安全回路与电源电路维修流程

熟悉电梯安全回路与电源电路故障树，根据表 6-2-2 中电梯安全回路与电源电路故障

树分析图，撰写工作流程及维修注意事项，并将计划及注意事项填入表内。

表 6-2-2　电梯安全回路与电源电路维修计划表

1.JH-751 电路故障树分析图
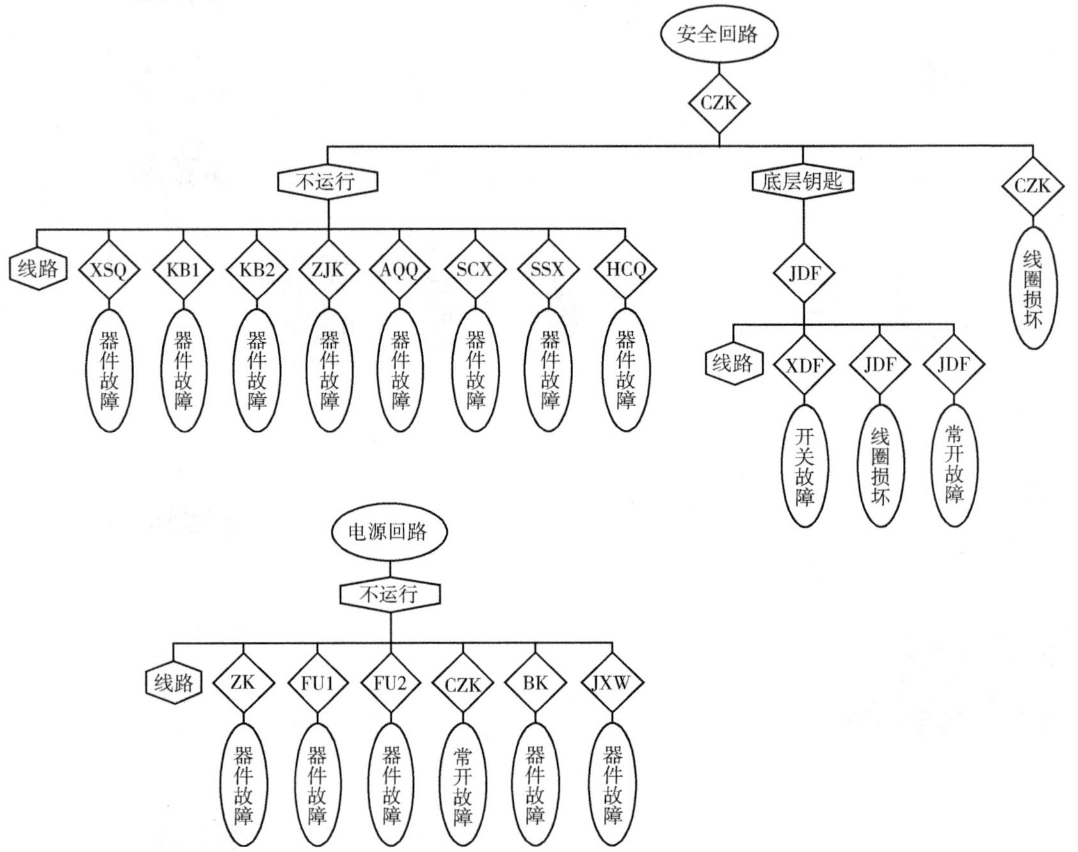
2. 维修流程及维修方法
3. 检修注意事项

三、制订工作计划

根据电梯安全回路与电源电路的维修流程，制订工作计划，填写在表 6-2-3 中。

表 6-2-3　JH-751 电梯安全回路与电源电路维修工作计划表

1. 电梯型号	JH-751			
2. 电梯安全回路与电源电路器件列表				
3. 所需的工具、设备、材料				
4. 人员分工				
序号	工作内容	负责人	计划完成时间	备注
1				
2				
3				
4				
5				
6				
7				
8				
9				
10				
11				
12				
13				
14				
15				
16				

制订完工作计划之后，需要对计划内容、维修流程进行可行性研究，要求对实施地点、准备工作、维修流程等细节进行探讨，保证后续维修工作安全、可靠地执行。

四、领取 JH-751 电梯安全回路与电源电路维修工具和耗材

领取相关工具和耗材，就工具和耗材的名称、数量、单位和规格进行核对，填写工具和材料用表，见表 6-2-4，为工具和材料领取提供凭证。在教师指导下，了解相关工具的使用方法，检查工具是否能正常使用，耗材领取要适量，不宜过多或不够用。

表 6-2-4　工具和材料领用表

序号	名称	图示	单位	数量	规格	领用时间	领用人	归还时间	备注
1	万用表								
2	钳形电流表								
3	活扳手	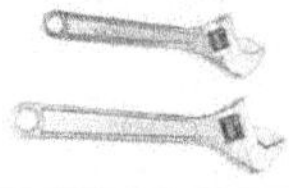							
4	导线								
5	卷尺								
6	电工工具								
7	接触器								
8	相序保护								

续表

序号	名称	图示	单位	数量	规格	领用时间	领用人	归还时间	备注
9	单相断路器								
10	保险								
11	三相断路器	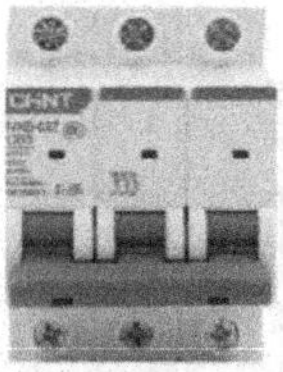							
12	变压器								
13	底层钥匙								
14	限速器开关								
15	行程开关								
16	限位开关								

续表

序号	名称	图示	单位	数量	规格	领用时间	领用人	归还时间	备注
17	胶布	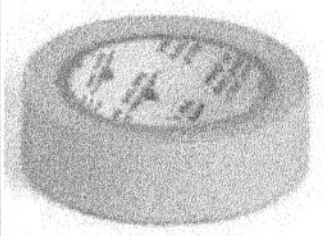							
18	针形端子								
19	M4 × 30 螺栓螺母								
20	护栏	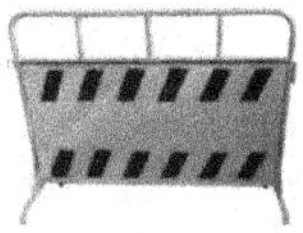							
注意事项	1. 领用人应保管好所领取的工具及材料，若有遗失，需照价赔偿。 2. 领用工具不得在实训场地以外使用，非允许不得外借他人使用。 3. 替换的耗料在工作完毕后应清点回收。 4. 避免耗料的浪费。								

学习活动 3　电梯安全回路与电源电路的维修及检查验收

学习目标

1. 查阅相关资料，学习电梯安全回路与电源电路的维修方法。
2. 能按操作流程和安全操作规程的要求，完成电梯安全回路与电源电路的维修。
3. 能对电梯安全回路与电源电路进行自查和验收。

建议学时

4 学时。

学习过程

一、学习电梯安全回路与电源电路维修相关知识

查阅相关资料,回答下列问题,学习电梯安全回路与电源电路的运行原理及维修方法。

1.JH-751 电梯电源部分电路若出现缺相故障,电梯是否能运行,为什么?

2.JH-751 电梯控制电源变压器 TC 的输入电压和输出电压应是多少?应如何测量?

3.JH-751 电梯电源应接入几根电线?分别是什么线?

4.JH-751 电梯控制电源变压器 TC 若损坏是否会影响控制电源接触器 CZK 得电,为什么?

5.JH-751 电梯底层钥匙的作用是什么?

6. 若用底层钥匙开梯后控制电源接触器 CZK 是否应立即吸合?若 CZK 得电吸合请分析其得电回路。

7. 结合 JH-751 电梯门系统所学知识，说明 JHS 断电延时继电器的作用？

8. 如图 6-3-1 所示，说明 JH-751 电梯安全回路各保护开关所在电梯中的位置。

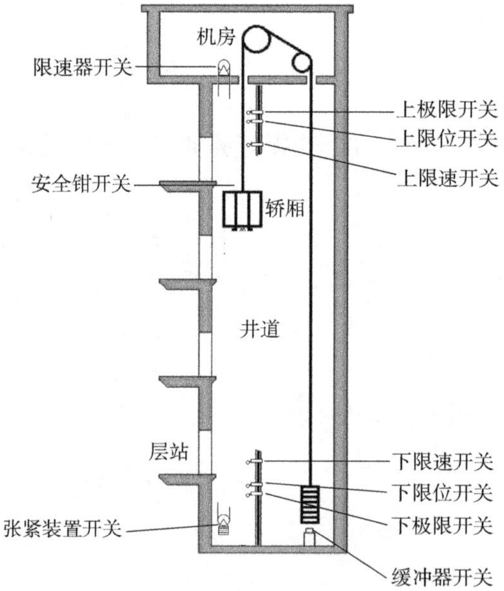

图 6-3-1　电梯安全回路保护开关示意图

二、维修电梯安全回路与电源电路

按照电梯安全回路与电源电路的原理图和配线图，完成电梯安全回路与电源电路的维修，应注意维修的相关内容。维修完成后，由指导教师检查电梯安全回路与电源电路运行的安全性和正确性后，方可通电测试电梯安全回路与电源电路功能，并将维修过程记录在表 6-3-1 中。

表 6-3-1　JH-751 电梯安全回路与电源电路维修过程记录表

序号	现象	判断	检查项目	涉及器件	相关内容	完成情况
1	电梯电源电路故障	输入端电源	电源开关	ATK 和 ZK	301、302、303 号线和 201、202 号线	□ 完成 □未完成
			电源进线	ATK 和 ZK	上口电压	□ 完成 □未完成
		电源电路	JXW	JXW 电源输入端	206、319、320 号线和 301、302、206 号线	□ 完成 □未完成
			保险	FU1 和 FU2	201、202 号线和 203、204 号线	□ 完成 □未完成
			CZK	CZK 常开触头	203、204 号线和 205、206 号线	□ 完成 □未完成
			变压器	TC	205、206 号线	□ 完成 □未完成
2	电梯安全回路故障	安全回路电源	CZK	CZK 常开触头	203、204 号线	□ 完成 □未完成
		底层钥匙	JDF	XDF 常开触点	203、207 号线	□ 完成 □未完成
				JDF 线圈	207、204 号线	□ 完成 □未完成
		控制电源接触器	CZK	XSQ 常闭触点	203、208 号线	□ 完成 □未完成
				KB1 和 KB2 常闭触点	208、209、210 号线	□ 完成 □未完成
				ZJK 常闭触点	210、211 号线	□ 完成 □未完成
				AQQ 常闭触点	211、212 号线	□ 完成 □未完成
				SCX 常闭触点	212、213 号线	□ 完成 □未完成
				SSX 常闭触点	213、214 号线	□ 完成 □未完成
				HCQ 常闭触点	215、216 号线	□ 完成 □未完成
				JDF 常开触头	214、215 号线	□ 完成 □未完成
				CZK 线圈	216、204 号线	□ 完成 □未完成

续表

序号	现象	判断	检查项目	涉及器件	相关内容	完成情况
3	电梯锁梯延时断电故障	延时继电器	JHS	JDF 常开触头	103、172 号线	□完成 □未完成
				JHS 瞬时闭合，延时打开常开触头	214、215 号线	□完成 □未完成
				JHS 线圈	172、104 号线	□完成 □未完成

三、进行 JH-751 电梯安全回路与电源电路自检

根据 JH-751 电梯安全回路与电源电路的维修情况，按接触器是否工作正常和导线是否导通进行自检。将自检结果填入表 6-3-2 中，不可修复的问题注明后也填入备注栏。

表 6-3-2　JH-751 电梯安全回路与电源电路维修自检表

序号	JH-751 电梯安全回路与电源电路		是 / 否	备注
1	电梯电源电路与安全回路功能正常	底层钥匙继电器 JDF 得电		
		控制电源接触器 CZK 得电		
		控制电源变压器 TC 正常		
		相序保护 JXW 正常得电		
2	电梯电源电路与安全回路导线导通	207 号线		
		208 号线		
		209 号线		
		210 号线		
		211 号线		
		212 号线		
		213 号线		
		214 号线		
		215 号线		
		216 号线		
		201、202 号线		
		203、204 号线		
		205、206 号线		
		301、302 号线		
		319、320 号线		

续表

序号	JH-751 电梯安全回路与电源电路		是 / 否	备注
3	电梯电源电路与安全回路相关器件牢固	底层钥匙继电器 JDF 得电		
		控制电源接触器 CZK 得电		
		控制电源变压器 TC 正常		
		相序保护 JXW 正常得电		
		制动电阻 RZD		
4	电梯电源电路与安全回路接线牢固	207 号线		
		208 号线		
		209 号线		
		210 号线		
		211 号线		
		212 号线		
		213 号线		
		214 号线		
		215 号线		
		216 号线		
		201、202 号线		
		203、204 号线		
		205、206 号线		
		301、302 号线		
		319、320 号线		

四、JH-751 电梯安全回路与电源电路维修验收

以小组为单位进行 JH-751 电梯安全回路与电源电路的验收工作，填写表 6-3-3，其中只填写电梯安全回路与电源电路运行过程的验收结果。根据验收结果在验收结果栏的合格项或不合格项填写“√”，本次验收不再进行改变。验收人为项目负责人。

表 6-3-3 JH-751 电梯安全回路与电源电路维修验收记录表

工程名称	JH-751 电梯定向电路验收		项目： 年 月 日	
检验项目			检验结果	
			合格	不合格
电梯安全回路与电源电路	步骤一	闭合 ATK 和 ZK 后，下口电压正常		
	步骤二	使用 XDF 开梯后，底层钥匙继电器 JDF 得电		
	步骤三	控制电源接触器 CZK 得电		
	步骤四	相序保护 JXW 正常得电		
	步骤五	控制电源变压器 TC 工作		

学习活动 4　工作总结与评价

学习目标

1. 能按分组情况，派代表展示工作成果，说明本次任务的完成情况，并做分析总结。
2. 能结合任务完成情况，正确规范地撰写工作总结。
3. 能就本次任务中出现的问题提出改进措施。
4. 能对学习与工作进行反思总结，并能与他人开展良好合作，进行有效沟通。

建议学时

2 学时。

学习过程

一、个人、小组评价

以小组为单位，选择演示文稿、展板、海报、视频等形式中的一种或几种，向全班展示、汇报维修成果。在展示的过程中，以小组为单位进行评价；评价完成后，根据其他小组成员对本组展示成果的评价意见进行归纳总结。

汇报维修思路：

其他小组成员的评价意见：

二、教师评价

认真听取教师对本小组展示成果优缺点以及在完成任务过程中出现的亮点和不足的评价意见，并做好记录。

1. 教师对本小组展示成果优点的点评。

2. 教师对本小组展示成果缺点及改进方法的点评。

3. 教师对本小组在整个任务完成过程中出现的亮点和不足的点评。

三、工作过程回顾及总结

1. 在团队学习过程中,项目负责人给你分配了哪些工作任务？你是如何完成的？还有哪些需要改进的地方？

2. 总结完成 JH-751 电梯安全回路与电源电路维修任务过程中遇到的问题和困难,列举 2~3 点你认为比较值得和其他同学分享的工作经验。

3. 回顾本学习任务的工作过程，对新学专业知识和技能进行归纳和整理，撰写工作总结。

评价与分析

按照客观、公正和公平原则，在教师的指导下按自我评价、小组评价和教师评价三种方式对自己或他人在本学习任务中的表现进行综合评价。综合等级按 A（90~100 分）、B（75~89 分）、C（60~74 分）、D（0~59 分）四个级别进行填写，填写在表 6-4-1 中。

表 6-4-1　学习任务综合评价表

考核项目	评价内容	配分(分)	评价分数		
			自我评价	小组评价	教师评价
职业素养	劳动保护用品穿戴完备,仪容仪表符合工作要求	5			
	安全意识、责任意识强	6			
	积极参加教学活动,按时完成各项学习任务	6			
	团队合作意识强,善于与人交流和沟通	6			
	自觉遵守劳动纪律,尊敬师长,团结同学	6			
	爱护公物,节约材料,管理现场符合 6S 标准	6			
专业能力	专业知识扎实,有较强的自学能力	10			
	操作积极,训练刻苦,具备一定的动手能力	15			
	技能操作规范,遵循安全规程,工作效率高	10			
工作成果	JH-751 电梯安全回路与电源电路原理清晰,维修时能按照标准流程进行	20			
	工作总结符合要求	10			
总　分		100			
总评	自我评价 × 20%+ 小组评价 × 20%+ 教师评价 × 60%=	综合等级	教师(签名):		

学习任务七　典型继电式(JH-751)电梯电磁抱闸电路维修

【学习目标】

1. 能通过阅读电梯维修任务单，明确工作任务。
2. 能查阅相关资料，学习继电式电梯(JH-751)电磁抱闸电路基本知识。
3. 能根据任务要求观察电梯电磁抱闸电路现象，填写电梯电磁抱闸电路故障现象登记表。
4. 能明确电梯电磁抱闸电路的工作流程。
5. 能与项目组长进行专业沟通，根据电梯电磁抱闸电路维修任务单和故障树分析图以及实际情况，制订维修计划。
6. 能根据电梯电磁抱闸电路维修的相关内容，确定所需工具和材料。
7. 能查阅相关资料，学习电梯电磁抱闸电路的维修方法。
8. 能按工艺要求和安全操作规程要求，完成电梯电磁抱闸电路的维修。
9. 能进行电梯电磁抱闸电路维修后的检查工作。
10. 能对电梯电磁抱闸电路的维修过程进行总结与评价。

【建议学时】

10学时。

【工作情境描述】

学院某办公楼需维修一部四层四站的继电式电梯，该电梯曳引机为双速电动机，采用变极调速。受学院委托，电梯工程技术专业学生承接电梯电磁抱闸电路维修任务。要求参照“故障树”分析方法，在2天之内完成对电梯电磁抱闸电路的维修，完成后交付验收。

【工作流程与活动】

电梯电磁抱闸电路维修

学习活动1　明确工作任务(2学时)

学习活动 2　制订工作计划(2 学时)
学习活动 3　电梯电磁抱闸电路维修及检查验收(4 学时)
学习活动 4　工作总结与评价(2 学时)

学习活动 1　明确工作任务

学习目标

1. 能通过阅读电梯电磁抱闸电路维修任务单,明确工作任务。
2. 能查阅相关资料,学习电梯电磁抱闸电路的基本知识。

建议学时

2 学时。

学习过程

一、接受任务单,明确工作任务

电梯维修作业人员从项目组组长处领取电梯电磁抱闸电路维修工作任务单,见表 7-1-1,明确维修项目、时间、地点等内容。

表 7-1-1　电梯电磁抱闸电路维修工作任务单

电梯编号	故障位置	开始时间	结束时间	共计
1 号楼 1 号梯	电梯电磁抱闸电路			2 个工作日
故障原因及内容				
维修过程及安全措施： 维修人：				

续表

检定结论（含技术参数功能）： 检验人：　　　　日期：
电梯电磁抱闸电路电气原理图
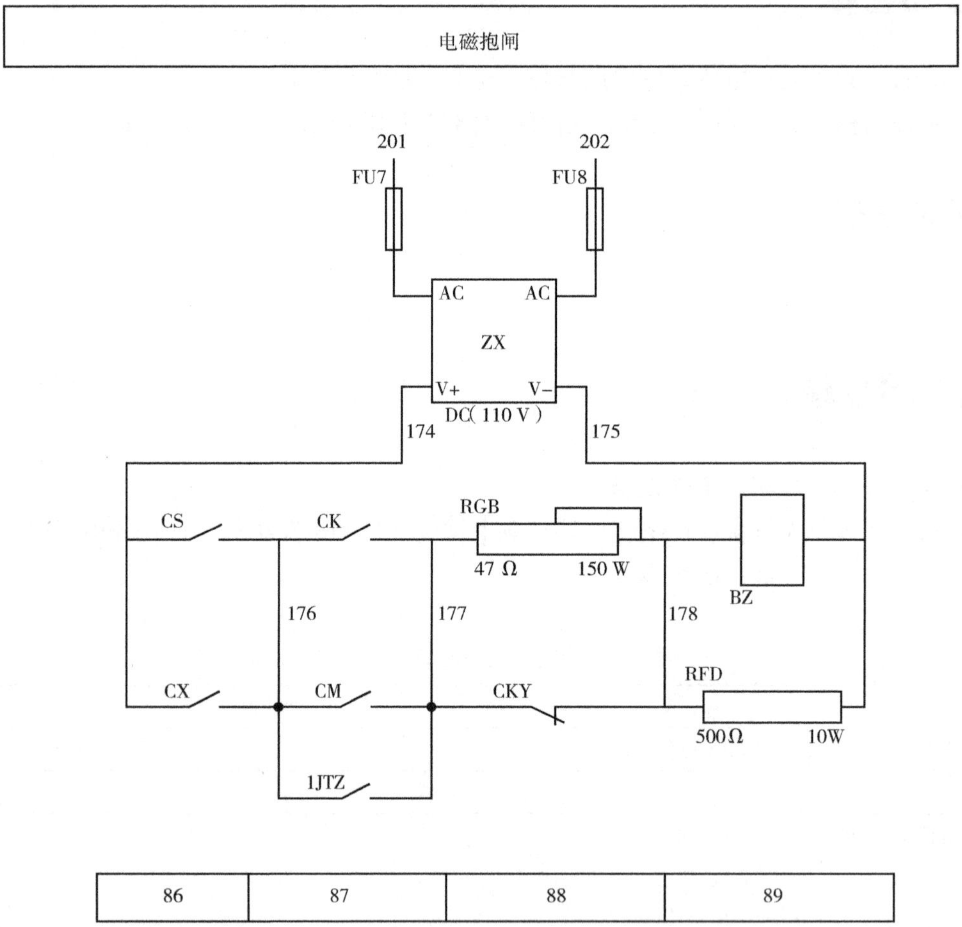

通过阅读维修任务单，回答以下问题。

1. 该项工作的施工地点在什么地方？

2. 该项工作要求的时间是多久？

3. 该项工作具体内容是什么?

4. 掌握电梯电磁抱闸电路原理需要哪些专业知识?

5. 表 7-1-1 中“检定结论”一栏应在何时填写?

二、电梯电磁抱闸电路维修相关知识认知

查阅电梯原理相关资料,学习电磁抱闸的相关知识,将表 7-1-2 补充完整。

表 7-1-2　电磁抱闸认知表

电磁抱闸外形示意图	解释
	电梯使用的制动器一般均为直流瓦块常闭式制动器。制动器的制动过程是一种能量转换过程,将动能转化为________。制动器的电磁铁与电动机并联。当电动机停止时,电磁铁线圈电流________,两块铁芯之间无吸引力,制动瓦在制动的压力下抱紧制动轮,使电梯轿厢保持静止。
电磁抱闸结构示意图	含义
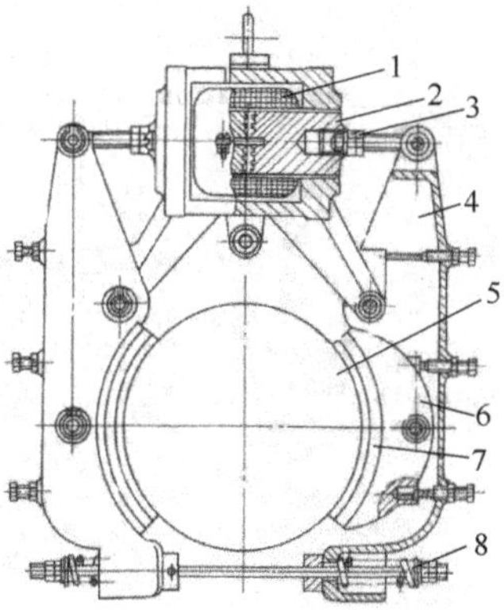	将下列名称和图中电磁抱闸零部件序号关联起来 (　　)——闸瓦架　(　　)——线圈 (　　)——电磁铁芯(　　)——闸皮 (　　)——调节螺母(　　)——闸瓦 (　　)——制动轮　(　　)——弹簧
电磁抱闸动作示意图	解释
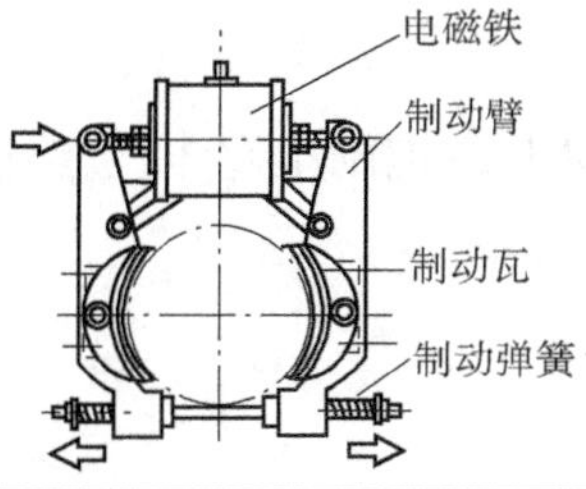	1. 电磁铁的作用:________________。 2. 制动臂的作用:________________。 3. 制动瓦的作用:________________。 4. 制动弹簧的作用:________________。

续表

<table>
<tr><th colspan="2">电磁抱闸控制过程描述</th></tr>
<tr><td>
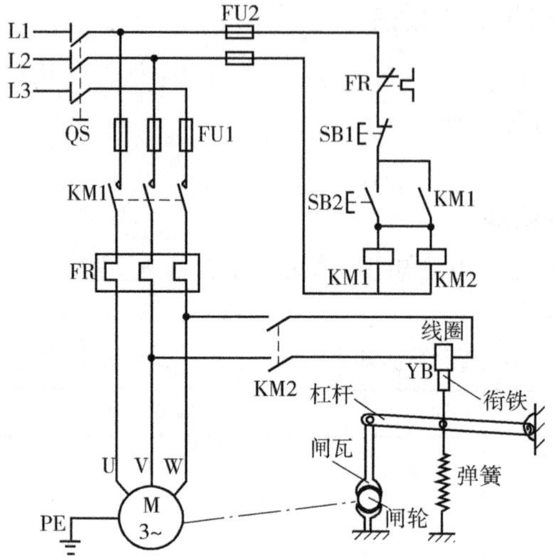

</td><td>1. 该抱闸是常开型制动还是常闭型制动?

2. 描述该抱闸的工作过程。</td></tr>
</table>

学习活动 2　制订工作计划

学习目标

1. 能根据任务要求测绘 JH-751 电梯电磁抱闸电路。
2. 明确电梯电磁抱闸电路的维修流程。
3. 能根据电梯电磁抱闸电路的维修流程,制订维修工作计划。
4. 能根据施工需要领取相关工具材料。

建议学时

2 学时。

学习过程

一、测绘 JH-751 电梯电磁抱闸电路

电梯维修工从组长处领取表 7-2-1,根据 JH-751 电梯电磁抱闸电路电气原理图测量并绘制 JH-751 电梯电磁抱闸电路配线图。

表 7-2-1　JH-751 电梯电磁抱闸电路配线图

JH-751 电梯电磁抱闸电路配线图	备注

二、明确电梯电磁抱闸电路维修流程

熟悉电梯电磁抱闸电路故障树，根据表 7-2-2 中，电梯电磁抱闸电路的故障树分析图，编写检修流程及维修注意事项，并将计划及注意事项填入表内。

表 7-2-2　电梯电磁抱闸电路故障树表

1.JH-751 电路故障树分析图
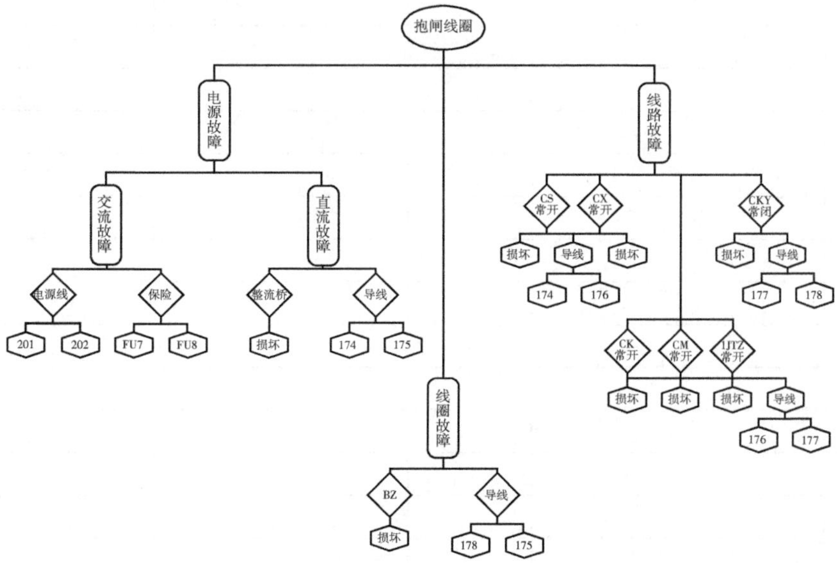

续表

2. 维修流程及维修方法
3. 检修注意事项

三、制订工作计划

根据电梯电磁抱闸电路的维修流程，制订工作计划，填写在表 7-2-3 中。

表 7-2-3　JH-751 电梯电磁抱闸电路维修工作计划表

1. 电梯型号	JH-751			
2. 电梯电磁抱闸电路器件列表				
3. 所需的工具、设备、材料				
4. 人员分工				
序号	工作内容	负责人	计划完成时间	备注
1				
2				
3				
4				
5				
6				
7				
8				
9				
10				
11				
12				
13				
14				

续表

15				
16				

制订完工作计划之后,需要对计划内容、维修流程进行可行性研究,要求对实施地点、准备工作、维修流程等细节进行探讨,保证后续维修工作安全、可靠地执行。

四、领取 JH-751 电梯电磁抱闸电路维修工具和耗材

领取相关工具和耗材,就工具和耗材的名称、数量、单位和规格进行核对,填写工具和材料领用表,见表 7-2-4,为工具和材料领取提供凭证。在教师指导下,了解相关工具的使用方法,检查工具是否能正常使用,耗材领取要适量,不宜过多或不够用。

表 7-2-4　工具和材料领用表

序号	名称	图示	单位	数量	规格	领用时间	领用人	归还时间	备注
1	万用表								
2	活扳手	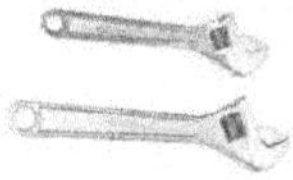							
3	导线								
4	卷尺								
5	电工工具								
6	整流桥								

续表

序号	名称	图示	单位	数量	规格	领用时间	领用人	归还时间	备注
7	接触器								
8	大功率电阻器								
9	保险								
10	针形端子	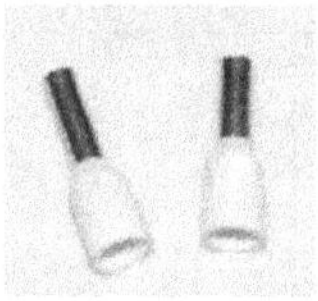							
11	M4×30 螺栓 螺母								
12	护栏								
注意事项		1. 领用人应保管好所领取的工具及材料，若有遗失，需照价赔偿。 2. 领用工具不得在实训场地以外使用，非允许不得外借他人使用。 3. 替换的耗料在工作完毕后应清点回收。 4. 避免耗料的浪费。							

学习活动 3　电梯电磁抱闸电路的维修及检查验收

学习目标

1. 查阅相关资料，学习电梯电磁抱闸电路的维修方法。
2. 能按操作流程和安全操作规程的要求，完成电梯电磁抱闸电路的维修。

3. 能对电梯电磁抱闸电路进行自查和验收。

建议学时

4 学时。

学习过程

一、学习电梯电磁抱闸电路维修相关知识

查阅相关资料,回答下列问题,学习电梯电磁抱闸电路的运行原理及维修方法。

1. 如图 7-3-1 所示，JH-751 电梯电磁抱闸电路所用电源电压为多少？其整流电路的交流端在何处引线？

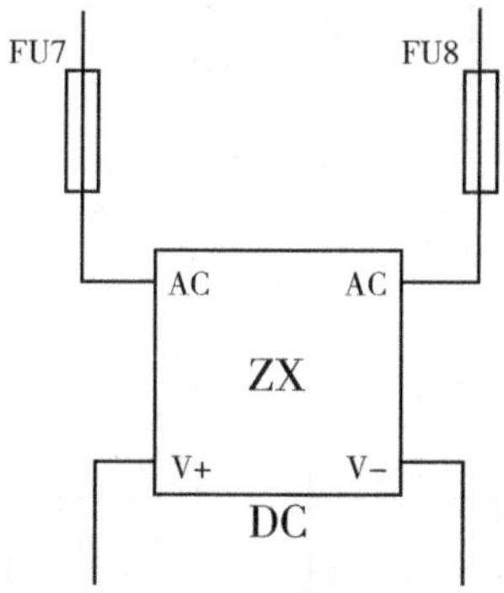

图 7-3-1　抱闸整流电路

2. 根据 JH-751 电磁抱闸电气原理图,电磁抱闸电路若正常工作需要满足哪些电梯运行条件?

3. 如图 7-3-2 所示，CKY 常闭触头在图中起到什么作用？

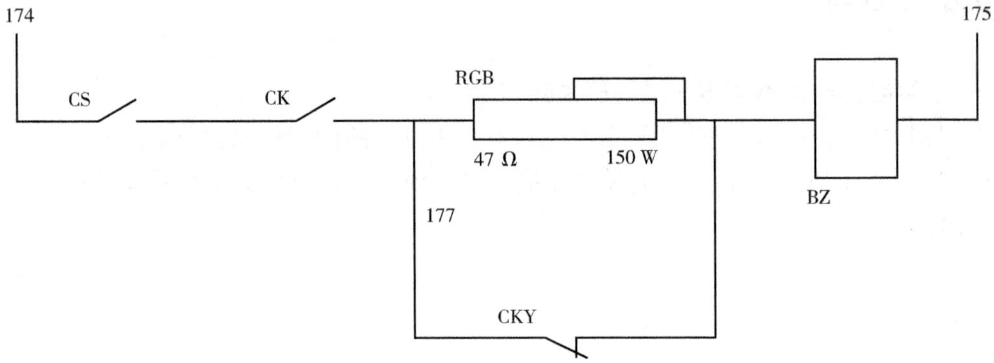

图 7-3-2　抱闸电路上行工作示意图

4. 如图 7-3-4 所示，JH-751 电梯电磁抱闸线圈 BZ 的并联电阻 RFD 有何作用？

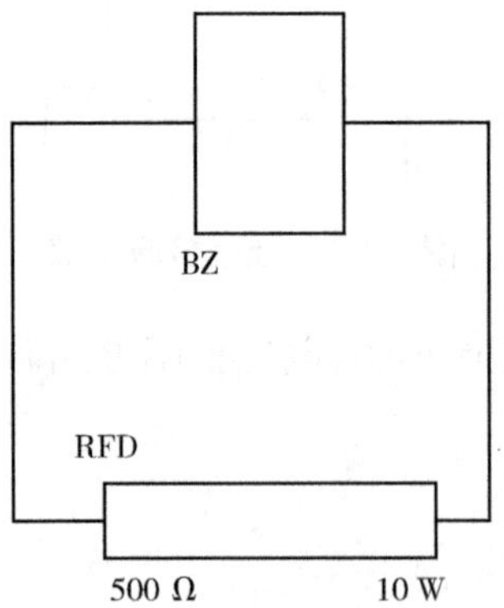

图 7-3-4　电磁抱闸线圈示意图

5. JH-751 电梯电磁抱闸电气原理图在实际应用中还缺少什么功能？

6. 维修时若测量电磁抱闸线圈阻值为 500 Ω,该线圈是否损坏,为什么?

7.JH-751 电梯电磁抱闸电路中 RGB 电阻为可调电阻,该电阻在替换时,应如何重新调整?

二、电梯电磁抱闸电路维修

按照电梯电磁抱闸电路的原理图和配线图,完成电梯电磁抱闸电路的维修,应注意维修的相关内容。维修完成后,由指导教师检查电梯电磁抱闸电路运行的安全性和正确性后,方可通电测试电梯电磁抱闸电路功能,并将维修过程记录在表 7-3-1 中。

表 7-3-1　JH-751 电梯电磁抱闸电路维修过程记录表

序号	现象	判断	检查项目	涉及器件	相关内容	完成情况
1	电磁抱闸电路不得电	无 110 V 直流电压	输入端电压	FU7/FU8	201、202 号线	□完成 □未完成
			整流桥	ZX	174、175 号线	□完成 □未完成
		BZ 线圈不得电	CS/CX	CS/CX 常开触头	174、176 号线	□完成 □未完成
			CK/CM/1JTZ	CK/CM/1JTZ 常开触头	176、177 号线	□完成 □未完成
			经济电阻	RGB	177、178 号线	□完成 □未完成
			BZ	BZ 线圈	178、175 号线	□完成 □未完成
2	电磁抱闸电路短路	输入端短路	整流桥	ZX	过热烧毁	□完成 □未完成
		BZ 线圈端短路	放电电阻	RFD	阻值为零	□完成 □未完成

三、进行 JH-751 电梯电磁抱闸电路自检

根据 JH-751 电梯电磁抱闸电路的维修情况，以接触器是否工作正常和导线是否导通进行自检。将自检结果填入表 7-3-2，不可修复的问题注明后也填入备注栏。

表 7-3-2　JH-751 电梯电磁抱闸电路维修自检表

序号	JH-751 电梯电磁抱闸电路		是 / 否	备注
1	电梯电磁抱闸电路接触器及其他元件功能正常	上行方向工作接触器 CS		
		下行方向工作接触器 CX		
		快速状态准备接触器 CK		
		慢速状态接触器 CM		
		快速运行接触器 CKY		
		经济电阻 RGB		
		放电电阻 RFD		
2	电梯电磁抱闸电路导线导通	201、202 号线		
		174、175 号线		
		176 号线		
		177 号线		
		178 号线		
3	电梯电磁抱闸电路接触器及其他元件牢固	上行方向工作接触器 CS		
		下行方向工作接触器 CX		
		快速状态准备接触器 CK		
		慢速状态接触器 CM		
		快速运行接触器 CKY		
		经济电阻 RGB		
		放电电阻 RFD		
4	电梯电磁抱闸电路接线牢固	201、202 号线		
		174、175 号线		
		176 号线		
		177 号线		
		178 号线		

四、JH-751 电梯电磁抱闸电路维修验收

以小组为单位进行 JH-751 电梯电磁抱闸电路的验收工作。填写表 7-3-3，其中只填写电梯电磁抱闸电路运行过程的验收结果。根据验收结果在验收结果栏的合格项或不合格项填写“√”，本次验收不再进行改变。验收人为项目负责人。

表 7-3-3 JH-751 电梯电磁抱闸电路维修验收记录表

工程名称	JH-751 电梯电磁抱闸电路验收		项目： 年 月 日	
检验项目			检验结果	
			合格	不合格
电梯运行时抱闸工作	步骤一	上行方向工作接触器 CS 或下行方向工作接触器 CX 得电		
	步骤二	快速状态接触器 CK 得电		
	步骤三	电磁抱闸线圈 BZ 线圈得电		
	步骤四	快速运行接触器 CKY 得电		
	步骤五	经济电阻 RGB 保持 BZ 线圈得电		
	步骤六	慢速状态接触器 CM 得电		
	步骤七	电磁抱闸线圈 BZ 继续保持		

学习活动 4 工作总结与评价

学习目标

1. 能按分组情况，派代表展示工作成果，说明本次任务的完成情况，并做分析总结。
2. 能结合任务完成情况，正确规范地撰写工作总结。
3. 能就本次任务中出现的问题提出改进措施。
4. 能对学习与工作进行反思总结，并能与他人开展良好合作，进行有效沟通。

建议学时

2 学时。

学习过程

一、个人、小组评价

以小组为单位，选择演示文稿、展板、海报、视频等形式中的一种或几种，向全班展示、汇报维修成果。在展示的过程中，以小组为单位进行评价；评价完成后，根据其他小组成员对本组展示成果的评价意见进行归纳总结。

汇报维修思路：

其他小组成员的评价意见：

二、教师评价

认真听取教师对本小组展示成果优缺点以及在完成任务过程中出现的亮点和不足的评价意见，并做好记录。

1. 教师对本小组展示成果优点的点评。

2. 教师对本小组展示成果缺点及改进方法的点评。

3. 教师对本小组在整个任务完成过程中出现的亮点和不足的点评。

三、工作过程回顾及总结

1. 在团队学习过程中,项目负责人给你分配了哪些工作任务?你是如何完成的?还有哪些需要改进的地方?

2. 总结完成 JH-751 电梯电磁抱闸电路维修任务过程中遇到的问题和困难,列举 2~3 点你认为比较值得和其他同学分享的工作经验。

3. 回顾本学习任务的工作过程，对新学专业知识和技能进行归纳和整理，撰写工作总结。

评价与分析

按照客观、公正和公平原则，在教师的指导下按自我评价、小组评价和教师评价三种方式对自己或他人在本学习任务中的表现进行综合评价。综合等级按 A(90~100 分)、B(75~89 分)、C(60~74 分)、D(0~59 分)四个级别进行填写，填写在表 7-4-1 中。

表 7-4-1　学习任务综合评价表

考核项目	评价内容	配分(分)	评价分数		
			自我评价	小组评价	教师评价
职业素养	劳动保护用品穿戴完备，仪容仪表符合工作要求	5			
	安全意识、责任意识强	6			
	积极参加教学活动，按时完成各项学习任务	6			
	团队合作意识强，善于与人交流和沟通	6			
	自觉遵守劳动纪律，尊敬师长，团结同学	6			
	爱护公物，节约材料，管理现场符合 6S 标准	6			
专业能力	专业知识扎实，有较强的自学能力	10			
	操作积极，训练刻苦，具备一定的动手能力	15			
	技能操作规范，遵循安全规程，工作效率高	10			
工作成果	JH-751 电梯电磁抱闸电路原理清晰，维修时能按照标准流程进行	20			
	工作总结符合要求	10			
总　分		100			
总评	自我评价 × 20%+ 小组评价 × 20%+ 教师评价 × 60%=	综合等级	教师(签名)：		

附件 1

JH-751 电梯电气原理图

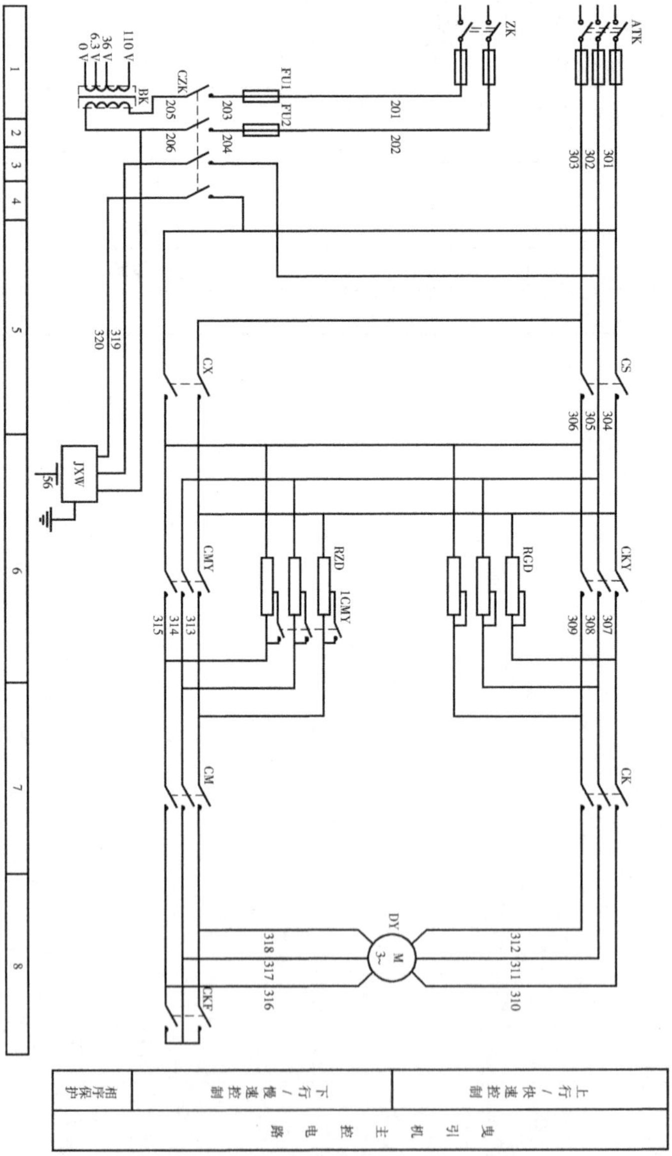

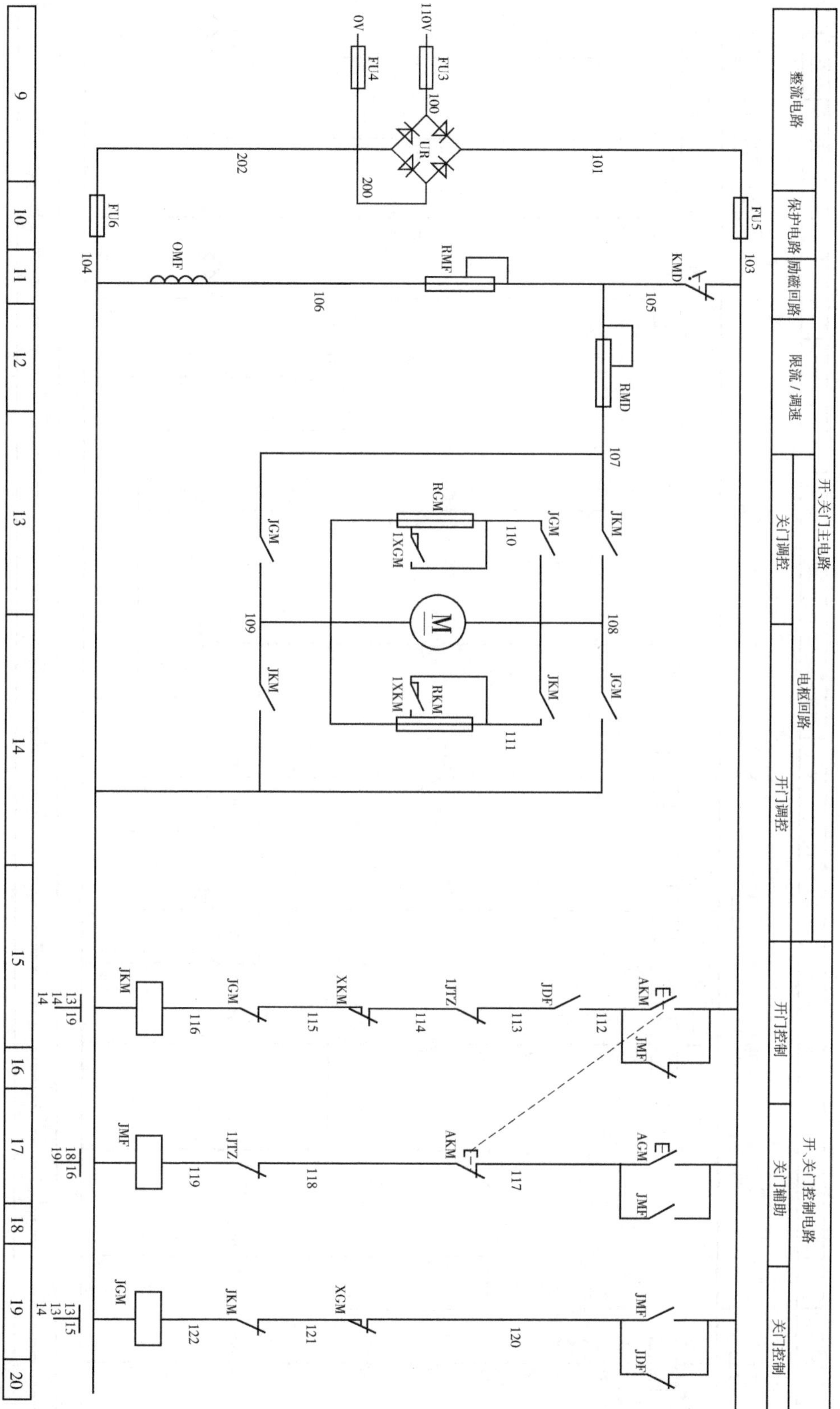
整流电路
保护电路
励磁回路
限流 / 调速
开、关门主电路
关门调控
电枢回路
开门调控
开门控制
开、关门控制电路
关门辅助
关门控制
110V
0V
FU3
FU4
FU5
FU6
UR
100
101
200
202
103
104
105
106
107
108
109
110
111
112
113
114
115
116
117
118
119
120
121
122
KMD
RMF
OMF
RMD
JKM
JGM
RGM
1XGM
RKM
1XKM
M
AKM
JMF
JDF
1JTZ
XKM
AGM
XGM
9
10
11
12
13
14
15
16
17
18
19
20

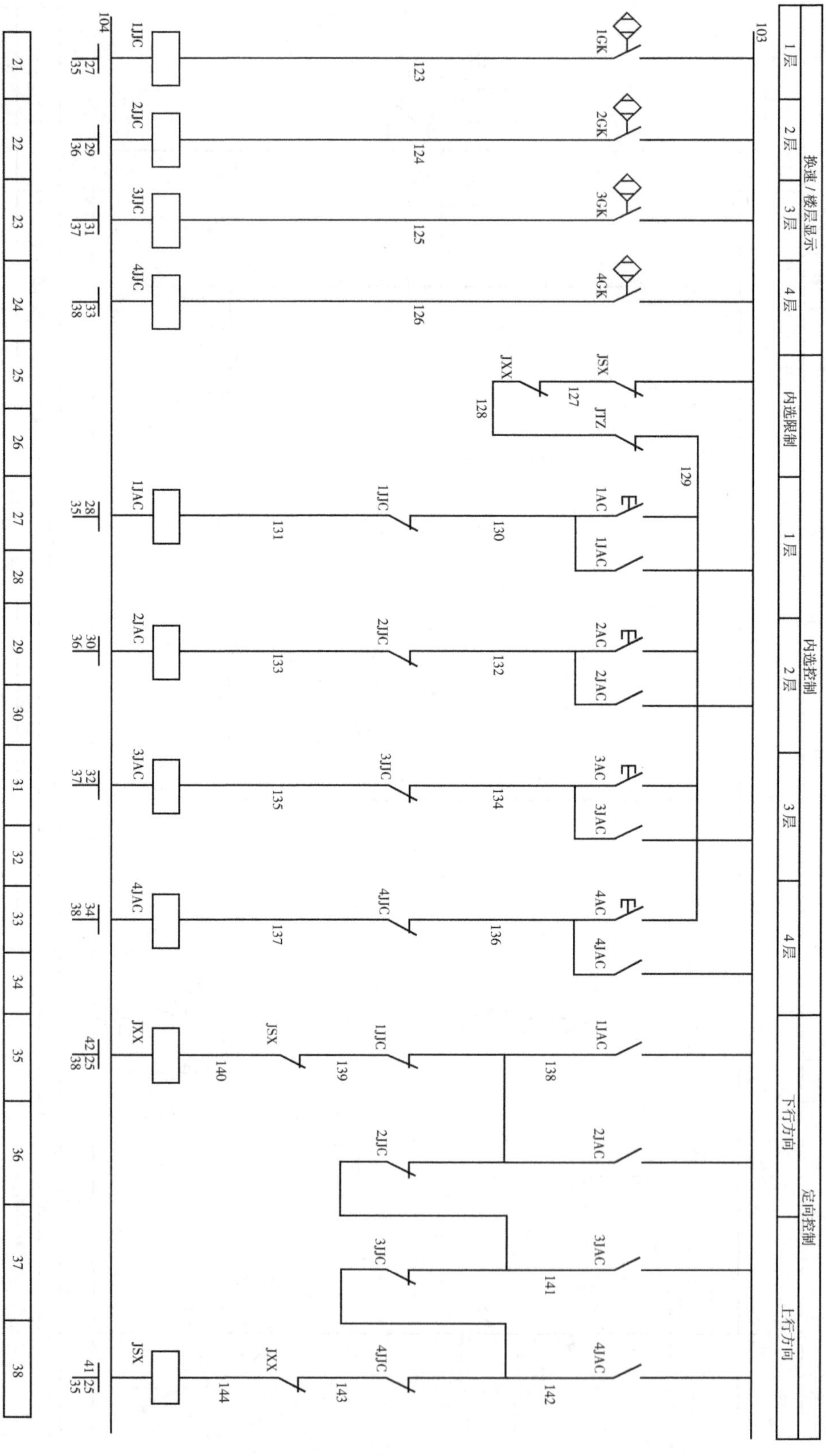
换速 / 楼层显示
1层
2层
3层
4层
内选限制
内选控制
1层
2层
3层
4层
定向控制
下行方向
上行方向
103
104
1GK
2GK
3GK
4GK
1JJC
2JJC
3JJC
4JJC
JSX
JXX
JTZ
1AC
2AC
3AC
4AC
1JAC
2JAC
3JAC
4JAC
JXX
JSX
123
124
125
126
127
128
129
130
131
132
133
134
135
136
137
138
139
140
141
142
143
144
21
22
23
24
25
26
27
28
29
30
31
32
33
34
35
36
37
38

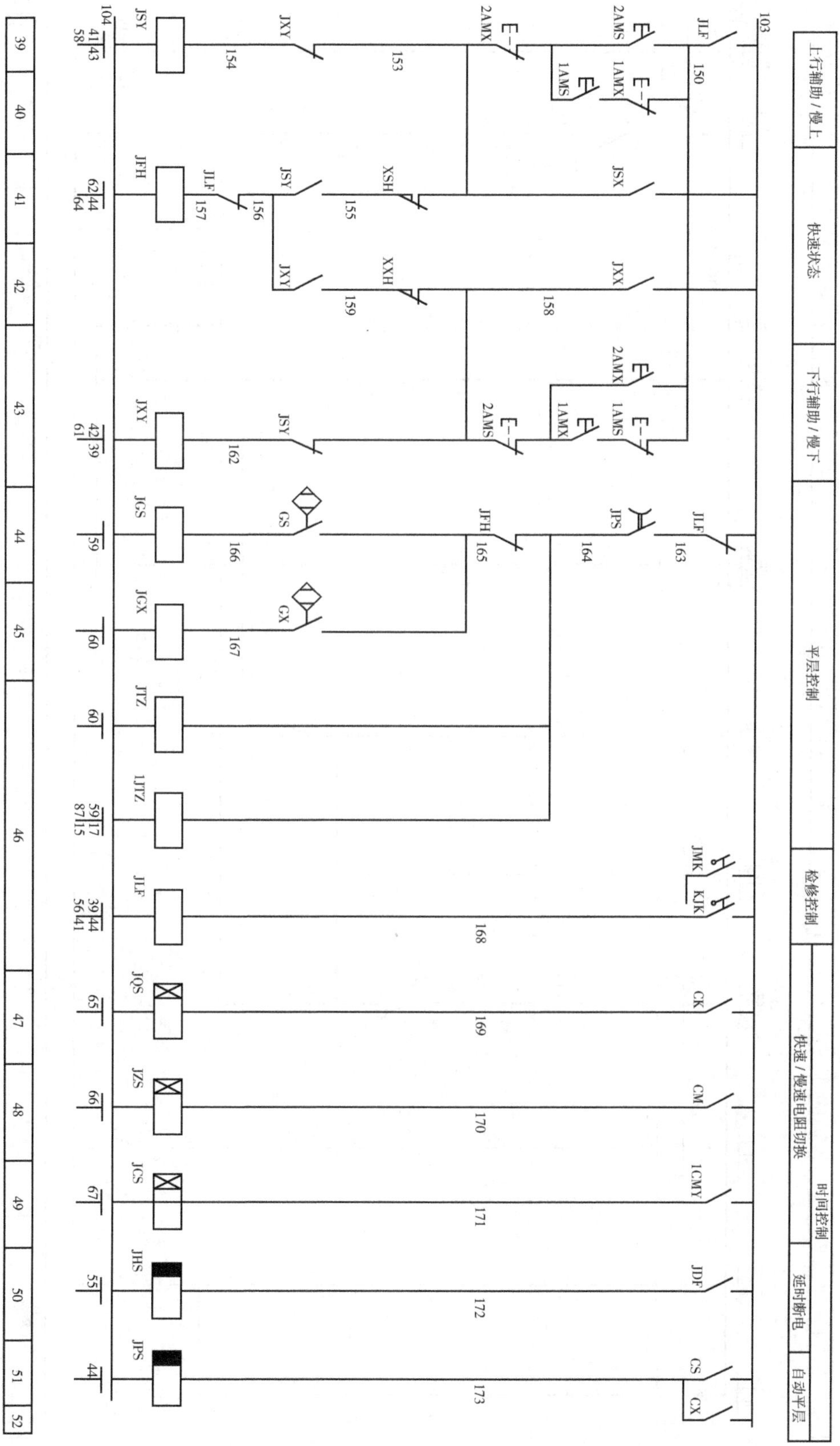
上行辅助 / 慢上
快速状态
下行辅助 / 慢下
平层控制
检修控制
快速 / 慢速电阻切换
时间控制
延时断电
自动平层
103
104
JLF
2AMS
2AMX
1AMS
1AMX
JXY
JSY
JSX
XSH
JFH
JXX
XXH
JPS
GS
GX
JGS
JGX
JTZ
1JTZ
JMK
KJK
CK
CM
1CMY
JDF
CS
CX
JQS
JZS
JCS
JHS
150
153
154
155
156
157
158
159
162
163
164
165
166
167
168
169
170
171
172
173
39
40
41
42
43
44
45
46
47
48
49
50
51
52

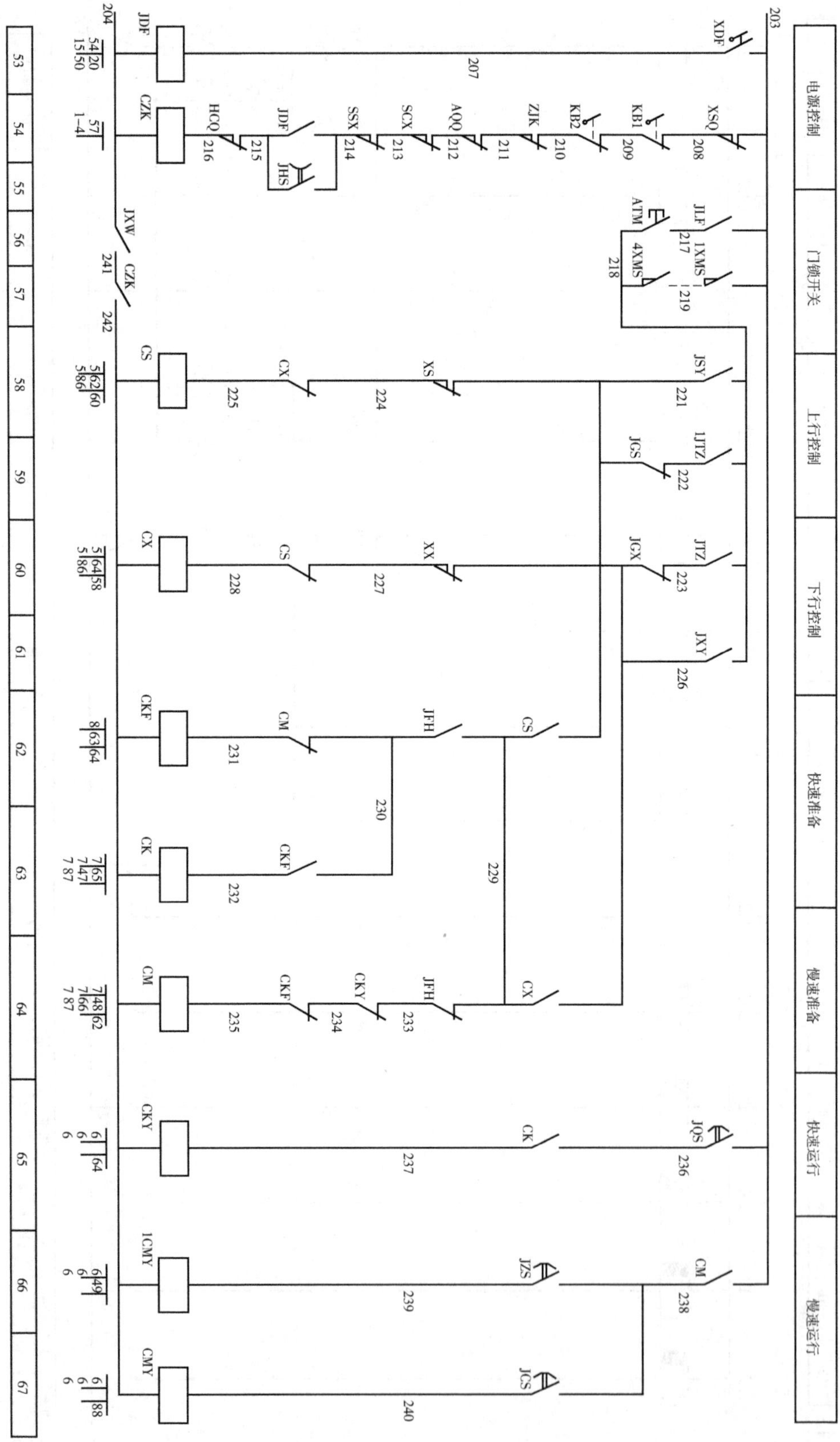
电源控制
门锁开关
上行控制
下行控制
快速准备
慢速准备
快速运行
慢速运行
53
54
55
56
57
58
59
60
61
62
63
64
65
66
67

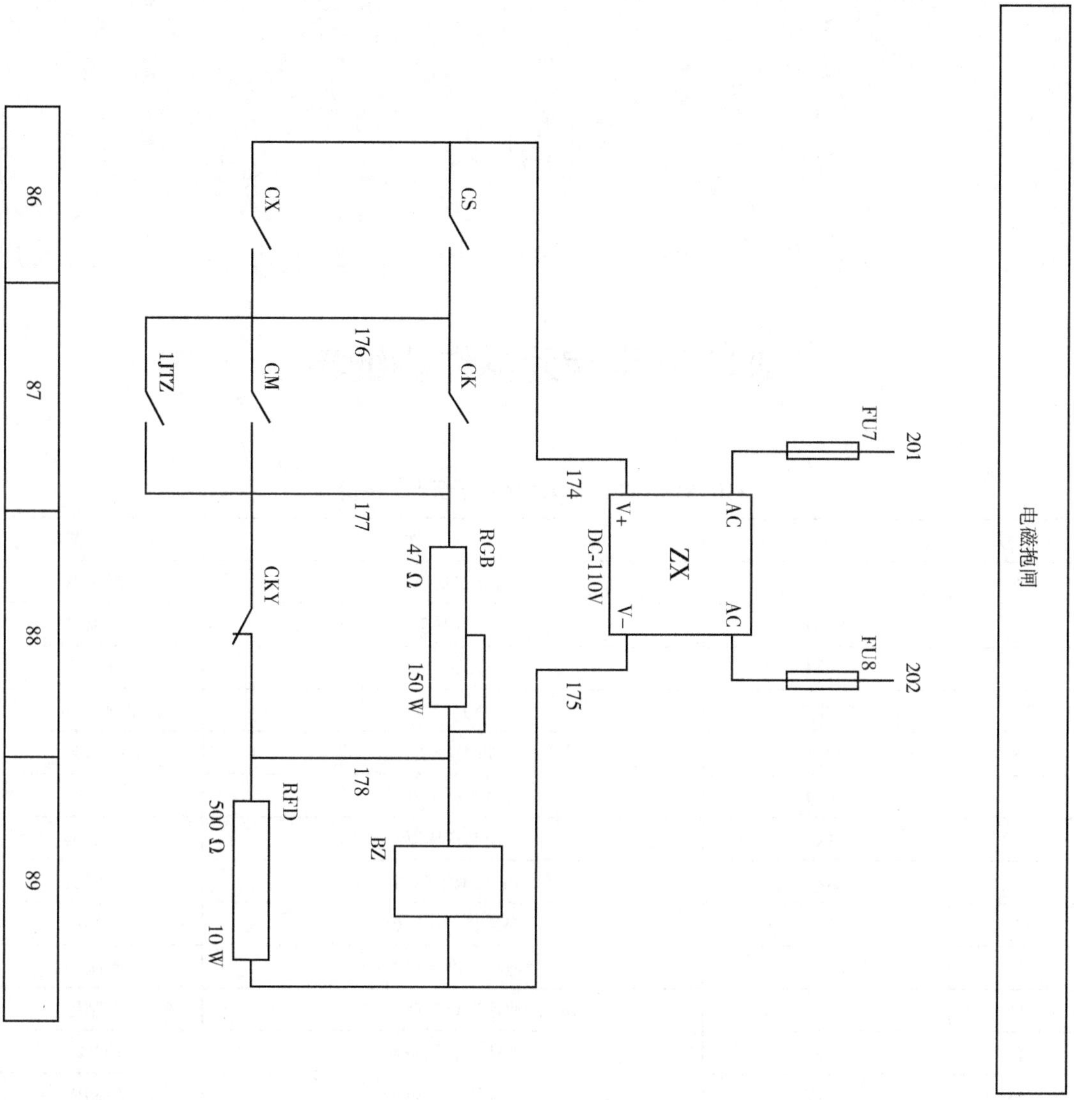
86
87
88
89
CX
CS
176
CK
CM
1JTZ
177
CKY
RGB
47 Ω
150 W
178
RFD
500 Ω
10 W
BZ
174
175
V+
V–
DC-110V
ZX
AC
AC
FU7
FU8
201
202
电磁抱闸

附件 2

JH-751 电梯元器件明细表

JH-751 电梯电器原理图电器元件明细表

序号	代　号	名　　称	位　置
1	(1~4)AC	内选控制按钮	操纵箱
2	AGM	关门按钮	操纵箱
3	AKM	开门按钮	操纵箱
4	2AMS	慢上按钮	操纵箱
5	2AMX	慢下按钮	操纵箱
6	AQQ	安全钳保护开关	轿厢
7	BK	控制变压器	控制柜
8	BZ	电磁抱闸线圈	曳引机
9	CK	快速状态接触器	控制柜
10	CKF	快速状态准备接触器	控制柜
11	CKY	快速运行接触器	控制柜
12	CM	慢速状态接触器	控制柜
13	CMY	慢速运行接触器	控制柜
14	1CMY	制动电阻切除接触器	控制柜
15	CS	上行方向工作接触器	控制柜
16	CX	下行方向工作接触器	控制柜
17	CZK	控制电源接触器	控制柜
18	DY	曳引电动机	机房
19	GS	上行平层开关	轿顶
20	GX	下行平层开关	轿顶
21	HCQ	缓冲器保护开关	底坑
22	(1~4)JAC	定选控制继电器	控制柜
23	JCS	慢速切除电阻继电器	控制柜
24	JDF	底层钥匙继电器	控制柜
25	JFH	快速运行状态继电器	控制柜

续表

序号	代　号	名　　称	位　置
26	JGM	关门继电器	控制柜
27	JGS	上行平层继电器	控制柜
28	JGX	下行平层继电器	控制柜
29	JHS	延时断电时间继电器	控制柜
30	(1~4)JJC	层楼指示继电器	控制柜
31	JKM	开门继电器	控制柜
32	JLF	检修继电器	控制柜
33	JMF	关门开车继电器	控制柜
34	JPS	自动平层时间继电器	控制柜
35	JQS	加速时间继电器	控制柜
36	JSX	上行方向继电器	控制柜
37	JSY	上行方向辅助继电器	控制柜
38	JTZ	运行辅助继电器	控制柜
39	1JTZ	运行辅助继电器	控制柜
40	JXW	相序保护	控制柜
41	JXX	下行方向辅助继电器	控制柜
42	JXY	下行方向辅助继电器	控制柜
43	JZS	制动电阻切除继电器	控制柜
44	KB1	轿顶急停开关	轿顶
45	KB2	控制柜急停	控制柜
46	KTA	主电路电源	控制柜
47	RGB	经济电阻	控制柜
48	RGD	启动电阻	控制柜
49	RGM	低速关门电阻	轿顶电阻箱
50	RFD	放电电阻	控制柜
51	RKM	低速开门电阻	轿顶电阻箱
52	RMD	开关限流电阻	控制柜
53	RMF	OMF 可调电阻	轿顶电阻箱
54	RZD	制动电阻	控制柜
55	SSX	上极限开关	井道
56	SCX	下极限开关	井道
57	TC	控制电源变压器	控制柜
58	UR	控制电路整流桥	控制柜
59	XDF	底层钥匙	底层层站
60	XS	上行限位开关	井道上部
61	XX	下行限位开关	井道下部

续表

序号	代　号	名　　称	位　置
62	XSH	上行强迫换速开关	轿顶
63	XXH	下行强迫换速开关	井道下部
64	XSQ	限速器保护开关	机房
65	ZK	控制电路电源	控制柜
66	ZX	电磁抱闸整流桥	控制柜
67	ZJK	张紧装置保护开关	底坑

附件 3

JH-751 电梯主要元器件位置图

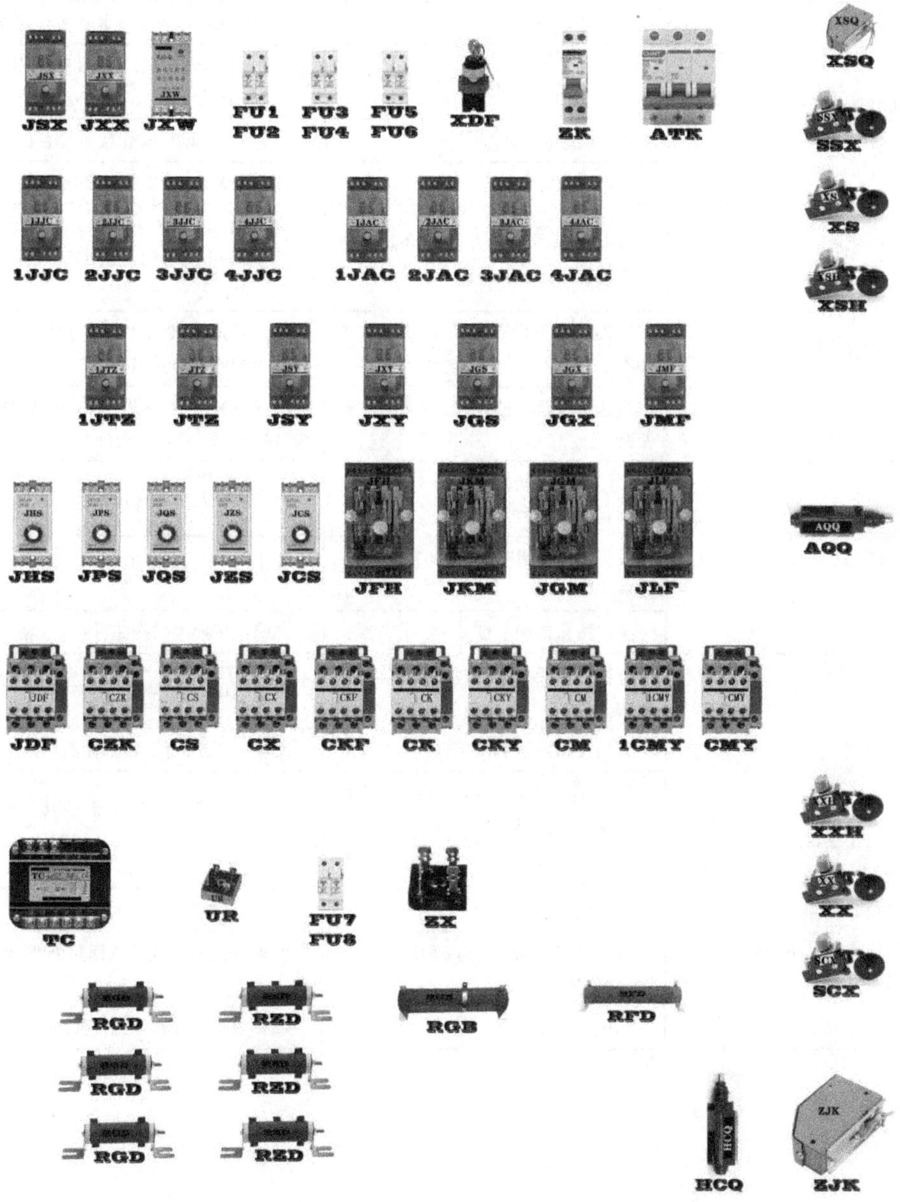

附件 4

JH-751 电梯常见故障与维修思路

故障现象	可能原因	维修思路
不能选择要去的楼层	电梯处于检修状态	检查检修继电器 JLF 是否处于吸合状态
	检修继电器常闭点接触不良	检查检修继电器 JLF 常闭接触点（156~157）号线是否闭合
	选层按钮接触不良	检查 1AC~4AC 按钮接触是否良好
	不能自动定向	检查 JSX 和 JXX 是否吸合
不能自动定向	方向继电器或下方向继电器回路串联的常闭点接触不良	检查 1JJC（138 号线）、2JJC（138~141 号线）、3JJC（141 号线）、4JJC（142 号线）常闭接触点是否良好
	层楼控制继电器中有的常闭点接触不良	检查 1JJC（138~139 号线）2JJC、3JJC、4JJC（138~143 号线）常闭触点是否良好
	内选信号都不能定向，方向继电器断路	检查 JSX（127 号线、140 号线）JXX（128 号线、144 号线）常闭是否良好
轿门不关闭	关门安全触板位置偏差，开门继电器一直吸合	检查调整安全触板位置
	关门继电器串接的常闭触点有的接触不良	检查（117~122 号线）线路
	关门按钮接触不良	维修或更换关门按钮，使其正常
轿门不开启	开门继电器串接的常闭触点有时接触不良	检查（103~116 号线）线路，使其正常
	开门按钮接触不良	维修或更换开门按钮，使其正常
	平层感应器平层时不能复位，或接触不良，不能自动开门	检修或更换平层感应器，使其正常
轿厢门既不能开也不能关	电压继电器释放	检查 CZK、安全回路、JDF 和底层钥匙
	门电路保险断路	检查 FU3、FU4、FU5、FU6
	门电机的电枢回路或励磁回路断线，碳刷接触不良	检查电枢回路或励磁回路断线，调整或更换碳刷
	门电机皮带松动	调整皮带的张紧度或更换新皮带

续表

故障现象	可能原因	维修思路
选层定向关门后，不能启动运行	检修继电器常闭点或快速状态继电器常闭点接触不良或继电器不能吸合	检查 JLF(163 号线)常闭点，检查上下行工作接触器
	层门或轿门没关好	检查门电锁继电器或触点
	电源缺相	检查 JXW 常开触头(241、242 号线)
电梯能上行，不能下行	下行限位开关或上行接触器的常闭点接触不良，下行接触器不能吸合	检查下行限位开关 XX(227 号线)或上行接触器的常闭点(228 号线)； 接触不良，或下行接触器 CX 不能吸合
电梯刚一启动就停车	开门刀触动厅门门锁	检查门刀与门锁的配合
	控制电源接触器线圈串接的触点有接触不良	检查控制电源接触器线圈及串接的触点是否有接触不良
不能换速	快速状态继电器线圈不失电或常开点粘连	检查快速状态继电器是否断电，CKF、CKY、JFH 常闭触头是否复位
	楼层感应器不动作	检查(1~4)GK
	楼层显示继电器不能吸合	检查楼层感应器是否吸合
换速后到达平层位置不停车	平层电路有断点，平层继电器不吸合	检查平层电路及平层继电器
换速后，制动过程台阶感明显	慢速相关接触器有触点接触不良现象	检查慢速接触器 CM、1CMY、CMY 的触点
	时间继电器延时调整不当	调整时间继电器
电磁制动器打不开	制动器线圈电源线开路	检查制动器电路是否有断路和接触不良情况，排除故障使其能正常工作
	制动器线圈串接触点熔焊	检查制动器线圈串接触点
	铁心间隙过小或过大、调整螺栓未调好	检查铁芯间隙，调整螺栓
	电阻断线	检查制动电阻连接导线
电梯只有慢车，没有快车	快车接触器不良，没有吸合或触点接触不良	检查、修复或更换快车接触器
	快车运行电路有故障，不能运行快车	检查快车运行电路，排除故障
	相应方向的强迫减速开关没有复位或有关线路断开	检查、修复强迫减速开关和有关线路
总电源熔断器经常烧断或空气开关经常跳闸	保险丝容量小，且压接松，接触不良	按额定电流更换保险丝，并压接紧固
	电梯启、制动时间过长	调整启、制动时间
	有的接触器接触不良有卡阻	检查调整接触器，排除卡组或更换接触器

附件 5

电梯安全操作规程

(一)司机或管理人员的安全操作规程

1.1 乘员或司机开启电梯层门进入轿厢之前,首先需确认电梯的轿厢是否停在该层,这对人身安全是至关重要的。

1.2 开启轿内照明及根据需要开启轿内风扇。

1.3 开始工作前,应开动电梯上、下试运行数次,观察并确定电梯的开门,关门,安全触板装置,选层,启动,运行,换速,平层停靠,信号登记和消除信号,上、下限位安全装置等性能和作用是否正常,有无异常撞击声和噪声等,确定无异常现象后方可使用。对处于无司机工作状态的电梯,此项工作可由管理人员进行。

1.4 层门关闭后,在层门外应不能手拨开启。当轿门未完全关闭时,电梯应不能启动运行。

1.5 平层精度应无明显变化(在平层位置 ±15 mm 之内)。

1.6 应经常清洁轿厢、层门及乘客可见部分。

(二)电梯运行中司机或管理人员注意事项

2.1 对有司机控制的电梯,司机在工作时间内需要离开轿厢时,应将电梯开到基站,关好层门、轿门,锁上电梯开关,切断整梯电源。

2.2 严禁非司机人员,随便扳弄操纵盘上与运行无关的开关和按钮等电器元件。

2.3 轿厢载重不应超过电梯额定载重。

2.4 乘客电梯不允许经常作为载货电梯使用。

2.5 严禁装运易燃、易爆危险品。如遇特殊情况,可经电梯管理部门批准,并采取可靠的安全保护措施后,才可装运。

2.6 不得通过扳动各功能开关或急停按钮等方法,作为一般正常运行中的消除信号。

2.7 不得试图通过开启安全窗或轿内安全门去搬运长件货物。

2.8 应劝阻轿内乘客不要倚靠轿厢门,以防电梯关门或停靠门时碰撞乘客或夹住衣物等。

2.9 轿厢顶部除电梯自身设备外,不得放置其他货物。

2.10 运送质量大的货物时,应将物件放置在轿厢中央,防止轿厢受力不均倾斜而影响电梯正常运行。

2.11 任何人员绝不允许在层、轿门中间长时间停靠或逗留。

（三）维修、维护人员的安全操作规程

3.1 维修、维护电梯前的安全准备工作。

3.1.1 轿厢内或层门口的明显处，应挂“检修停用”警示标牌。

3.1.2 让无关人员离开电梯检修工作场地，关好层门；不能关闭层门时，需用合适的防护栅栏挡住入口处，以防无关人员进入电梯。

3.1.3 检修电器设备时，一般应切断总电源或采取适当的安全措施。

3.1.4 在轿顶做电梯检修工作时，必须先按下轿顶检修箱上的急停按钮，关好层门，并在轿内操纵盘挂上“人在轿顶，不准乱动！”的警示标牌。

3.2 电梯维修、维护工作安全操作规程细则。

3.2.1 给可动部位加油、清洗或观察钢丝绳表面的磨损情况时，应先关断电梯的总电源。

3.2.2 检修人员在轿顶上准备开动电梯以观察电梯有关部件的工作情况时，必须把住轿架上梁或防护栅栏等部件，不能握住钢丝绳，并注意整个身体置于轿厢外框尺寸之内，防止被其他运动部位碰伤。需由轿内司机或其他检修人员开电梯时，要沟通、配合好，未经轿顶人员许可不准开动电梯。

3.2.3 在多台电梯共用一个井道的情况下，检修电梯更应加倍小心，除注意本电梯的情况外，还应注意其他电梯的动态，以防被其刮碰。

3.2.4 严禁在井道、轿顶和轿厢内吸烟和使用明火。

3.2.5 检修电器部件时，应尽可能避免带电作业，必须带电作业或难以在完全切断电源的情况操作时，应有安全措施，并有助手协同进行。

3.2.6 使用工作手灯必须附带防护罩，使用电源为 AC 36V 以下。

3.2.7 严禁维修人员在电梯送电的情况下站在层、轿门门区结合部进行长时间检修操作。

3.2.8 进入底坑检修时，应将底坑检修盒上的紧急停止开关或限速器张紧装置的断绳开关断开。

3.2.9 其他未尽事宜可参照电梯行业国家相关标准执行。

（四）电梯安全运行须知

正常运行过程中如发生下列现象之一时，应立即停用电梯并通知具备资格的维修人员检修合格后，方可再次投入使用。

需要特别说明：非维修人员不准试图维修电梯，以防设备损坏和发生危险！

4.1 在轿门或任一层门未关闭的情况下，按下指令按钮能启动电梯时。

4.2 在厅外无特种手段能轻易开层门时。

4.3 人体碰触电梯部件的金属外壳有麻电现象时。

4.4 电梯运行方向与选定的及指示的方向相反时。

4.5 到达预选层站时，电梯不能执行正常换速，但平层停靠后超差过大或者停靠后不能自动开门时。

4.6 额定载荷下运行而超越端站行驶时。

4.7 电梯在额定速度下运行而限速器和安全钳动作时。

4.8 内选、外呼、换速、平层和指层信号失灵失控时。

4.9 运行速度发生显著变化时。

4.10 电梯在运行过程中，在没有轿内外指令登记信号的层站，电梯自动换速并平层停靠开门，或非正常中途停车时。

4.11 任一熔断器频繁烧断或任一空气开关频繁动作时。

4.12 电梯在启动、运行、停靠、开关门过程中，有异常的噪声、冲击、振动时。

4.13 发生电气或机械零件损坏及无轿内照明时。

4.14 有异常的气味和烟雾时。

4.15 给出轿内指令信号和关闭厅、轿门后，电梯不能启动运行时。

4.16 发现其他的各种故障和不正常因素时。

参考文献

[1] 人力资源社会保障部教材办公室. 电梯整机机械设备安装与调试 [M]. 北京：中国劳动社会保障出版社，2022.

[2] 于磊. 电梯电气控制与维修 [M]. 北京：高等教育出版社，2012.

[3] 闫莉丽. 电梯整机电气设备安装与调试 [M]. 北京：中国劳动社会保障出版社，2020.

[4] 刘建平. 电梯一般故障检修 [M]. 北京：中国劳动社会保障出版社，2021.

[5] 人力资源社会保障部教材办公室. 电梯照明线路安装 [M]. 北京：中国劳动社会保障出版社，2021.